FORSCHUNGSBERICHTE DES LANDES NORDRHEIN-WESTFALEN

Nr. 2473

Herausgegeben im Auftrage des Ministerpräsidenten Heinz Kühn
vom Minister für Wissenschaft und Forschung Johannes Rau

Dipl.-Ing. Dieter Dwertmann
Institut für Strahlantriebe und Turboarbeitsmaschinen
der Rhein.-Westf. Techn. Hochschule Aachen
Leiter der Forschungsarbeit: Prof. Dr.-Ing. Wilhelm Dettmering

Theoretische Untersuchung über Schubdüsen mit Strahlbeimischung und Wärmeaustausch

Westdeutscher Verlag 1975

Gesamtherstellung: Westdeutscher Verlag

ISBN-13: 978-3-531-02473-8 e-ISBN-13: 978-3-322-88282-0
DOI: 10.1007/978-3-322-88282-0

Gliederung

1. Einleitung

Das vorliegende Forschungsvorhaben hatte zum Ziel, die Voraussetzungen für gasdynamische Anpassung von Schubdüsen bei überkritischer Expansion durch Strahlbeimischung hinter dem engster Querschnitt zu untersuchen. Ferner soll der Einfluß der Temperatur bei der Anpassung geprüft werden.

Zur Erzeugung maximalen Schubes muß am Düsenaustritt homogene parallele Abstömung herrschen. Diese Parallelabstömung läßt sich für ein bestimmtes anliegendes Druckverhältnis durch entsprechend geometrische Gestaltung von Düsenkontur, Hals- und Austrittsquerschnitt bei Entspannung bis auf den Umgebungsdurck ($p_A = p_0$) erreichen. Diese schuboptimale Düse wird als ideale Düse bezeichnet.

Eine Schubdüse soll über einen weiten Betriebsbereich des sich mit der Flughöhe und -geschwindigkeit ändernden Druckverhältnisses p_{t4}/p_0 möglichst hohen Schub erzielen. Die erforderliche Anpassung kann auf verschiedene Weise erfolgen, z.B. auf mechanischem Wege durch Veränderung des Düsenflächenverhältnisses A_A/A^*. Eine Veränderung des Austrittsquerschnittes läßt sich technisch nur schwierig und in sehr begrenztem Maß erreichen; eine Veränderung des Halsquerschnittes beeinflußt den durchgesetzten Massenstrom, wenn im engsten Querschnitt Schallgeschwindigkeit herrscht. Diese Nachteile ergeben sich bei Schubdüsen mit Strahlbeimischung nicht. Die Schubeinbuße einer gasdynamisch angepaßten Düse gegenüber dem maximal möglichen Schub F_{ideal} ist erheblich geringer als bei Verwendung einer Schubdüse fester Geometrie.

2. Schubdüsenanpassung

Für Schubdüsen luftatmender Triebwerke ergibt sich damit die Möglichkeit, auch bei Abweichung von Auslegungsmachzahl und -flughöhe sehr hohen Schub bereitzustellen.

Bei Raketen, deren Brennkammerdruck und damit Totaldruck in der Düse angenähert konst. und damit unabhängig vom Umgebungs- und Flugzustand ist, ergibt sich der Vorteil, daß die Schubdüse gasdynamischer Anpassung über einen größeren Höhenbereich eingesetzt werden kann, ohne daß der Schub infolge des sich ändernden Gegendrucks stark vom maximal möglichen abweicht.

2.1 Schubdüsenanpassung bei TL-Triebwerken

2.1.1 Schubverluste einer Düse fester Geometrie

Bevor Möglichkeiten zur Schubdüsenanpassung aufgezeigt werden, soll die Größe der Schubeinbuße bei Nichtanpassung berechnet werden.

Die allgemeine Schubgleichung für das TL-Triebwerk lautet

$$F = (\dot{m}_L + \dot{m}_B) \cdot c_A - \dot{m}_L \cdot c_0 + A_A (p_A - p_0) \qquad (2.1)$$

mit $\dot{m}_L$ = sekündl. Luftmassenstrom
$\dot{m}_B$ = sekündl. Brennstoffmassenstrom
c_A = Geschwindigkeit Düsenaustritt
c_0 = Fluggeschwindigkeit
A_A = Düsenaustrittsfläche
p_A = Druck im Düsenendquerschnitt
p_0 = Umgebungsdruck

Für die Rakete gilt analog die Schubbeziehung

$$F = \dot{m} \cdot c_A + A_A (p_A - p_0)$$

Maximaler Schub wird erzielt, wenn der Austrittsstrahl parallel gerichtet (keine Divergenzverluste) und der Düsenenddruck p_A gleich dem Umgebungsdruck p_0 ist. Für $p_A > p_0$ (unterexpandierende Düse) tritt Nachexpansion auf. Ist $p_A < p_0$ (überexpandierende Düse), so wandern Verdichtungsstöße in die Düse, die noch größere Verluste als die Nachexpansion zur Folge haben.

In Abb. 1 sind die Schubverluste durch Nichtanpassung für Raketenschubdüsen fester geometrischer Düsenform bei Abweichung von der Auslegungshöhe für unterschiedliche Auslegungshöhen dargestellt.

Der Schubkoeffizient für Rakten ist dabei wie folgt definiert:

$$K_F^* = \frac{F}{p_{tc} \cdot A^*} \qquad (2.2)$$

mit p_{tc} = Totaldruck in der Raketenbrennkammer
A^* = Düsenhalsquerschnitt

Mit c_p = konst läßt sich Gleichung (2.2) umformen zu

$$K_F^* = \frac{A_A}{A^*} \cdot \frac{1}{p_{tc}/p_A} \cdot \left[1 + \bar{k} \cdot M_A^2 - p_0/p_A\right]$$

mit k = mittlerer Isentropenexponent

Die Nichtanpassungsverluste werden beschrieben durch die Beziehung

$$\frac{K_F^{*AP} - K_F^*}{K_F^{*AP}}$$

In Abb. 2 sind der Schubkoeffizient K_F^* und die Nichtanpassungsverluste der Düse eines Staustrahltriebwerks als Funktion der Flugmachzahl dargestellt. Die Auslegungsmachzahl beträgt M_0=2; die Verbrennung ist stöchiometrisch.

Für luftatmende Strahltriebwerke sei dabei der Schubkoeffizient folgendermaßen definiert:

$$K_F^* = \frac{F}{1/2 \cdot \rho_0 \cdot c_0^2 \cdot A_0}$$

2.1.2 Grundsätzliche Verfahren zur Schubdüsenanpassung

Die Nichtanpassung von Düsen resultiert aus der Veränderung des Düsendruckverhältnisses. Um in jedem Fall optimalen Schub zu verwirklichen, muß Druckanpassung über das Flächenverhältnis

A_A/A^* erfolgen. In Abb. 3 ist das erforderliche Flächenverhältnis in Abhängigkeit von der Flughöhe H_0 bei Expansion bis auf Umgebungsdruck dargestellt (konstanter Totaldruck am Düseneintritt p_{tc}).

Eine Flächenveränderung, also Anpassung ist auf verschiedenem Wege zu erreichen.

2.1.2.1 Mechanische Anpassung der Schubdüse

Eine Änderung von A_A/A^* ist durch Veränderung des Austrittsquerschnittes A_A oder des Halsquerschnittes A^* denkbar.

Variation des Austrittsquerschnittes

Eine Änderung von A_A der Schubdüse ist nur in engen Grenzen möglich und technisch schwer zu verwirklichen, insbesondere bei rotationssymmetrischen Düsen. (Bei einer Änderung der Flughöhe von $H_0 = 0$ auf 40 km müßte - bei unverändertem p_{tc} - das Flächenverhältnis A_A/A^* auf den 50fachen Wert ansteigen! vgl. Abb. 3)

Variation des Halsquerschnittes

Eine Änderung des Halsquerschnittes läßt sich durch einen axial verschiebbaren Zentralkörper vewerkstelligen. Das Flächenverhältnis A_A/A^* wird also über A^* geregelt. Da die Düsenkontur nicht verändert wurde, tritt nunmehr am Düsenaustritt nichtparallele Abströmung mit Divergenz-Schubverlusten auf.

Ferner ergibt sich der bedeutende Nachteil, daß der Massenstrom bei Variation von A^* verändert wird. Der Massenstrom ist (wegen $M^* = 1$) proportional der Änderung des Halsquerschnitts.

Das relativ hohe Gewicht eines Regelmechanismus zur Veränderung des Hals- wie des Endquerschnittes ist ein wesentlicher Nachteil jeder mechanischen Schubdüsenanpassung.

2.1.2.2 Gasdynamische Anpassung der Schubdüse

Eine Schubdüse wird gasdynamisch an den jeweils herrschenden Gegendruck angepaßt, indem man hinter dem engsten Querschnitt dem Abgasstrahl Luft beimischt. Abb. 4 vermittelt einen Überblick über den relativ einfachen Mechanismus der Strahlbeimischung. Der Sekundärmassenstrom $\dot{m}_s$ wird bei vorgegebener Düsengeometrie durch das Verhältnis der Totaldrücke p_{ts}/p_{tc} bestimmt, da bei $M_s = 1$ Blockierung der Sekundärströmung auftritt.

Weitgehende Anpassung einer Schubdüse kann nur dann erreicht werden, wenn sich das Flächenverhältnis A_{s1}/A_{c1} im Betrieb weitgehend variieren läßt. Abb. 5 zeigt den Einfluß des Flächenverhältnisses A_{s1}/A_{c1} auf den Schub eines TL-Triebwerks ($M_{c1} = 1{,}44$; $\pi_K = 6$; $T_{t3} = 1300$ K; $H_0 = 11$ km; $A_2/A_{c1} = 2{,}38$). Mit zunehmendem Druckverhältnis p_{tc}/p_0 der Primärdüse muß der Massenstrom $\dot{m}_s$ der beigemischten Luft bzw. das Flächenverhältnis A_{s1}/A_{c1} abnehmen, um einen möglichst großen Schub zu erzielen.

Die Änderung des Flächenverhältnisses A_{s1}/A_{c1} kann beispielsweise durch Klappen geschehen, mit denen die divergente Düsenwand auszustatten ist, und die sich je nach dem Druckverhältnis p_{tc}/p_0 öffnen bzw. schließen.

Nachfolgende Skizze veranschaulicht eine solche Düse, die zusätzlich zur Veränderung des Halsquerschnitts A^* mit einem axial verschiebbaren Zentralkörper ausgerüstet ist und damit Anpassung an den jeweiligen Betriebszustand erlaubt.

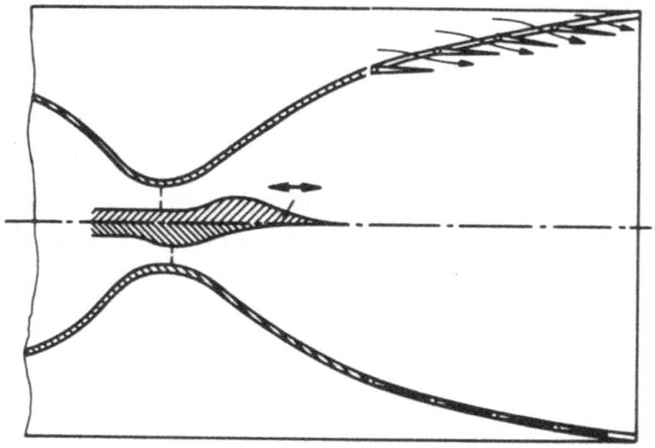

Der Schub eines TL-Triebwerks mit gasdynamisch angepaßter Schubdüse ist in Abb. 6 dargestellt. Die gasdynamische Anpassung bedingt eine sehr gute Düsenanpassung über einen weiten Flugmachzahlbereich; der Schub liegt nur wenig unter dem Schub der idealen Düse.

2.1.3 Ergebnisse der Schubdüsenanpassung bei luftatmenden Triebwerken

Im Gegensatz zum Flächenverhältnis A_{s1}/A_{c1} ist das Gesamtdruckverhältnis p_{ts}/p_{tc} kein frei wählbarer Parameter. Der Gesamtdruck p_{ts} der beigemischten Luft ist vielmehr von der Flugmachzahl, Flughöhe und der Form des Sekundäreinlaufs abhängig. Der Gesamtdruck des Abgasstrahls (Primärstrom, Index "c") p_{tc} ist bei luftatmenden Triebwerken ebenfalls eine Funktion der Flugmachzahl M_0, der Flughöhe H_0 sowie des Betriebsverhaltens des Verdichters; beim Raketentriebwerk hingegen ist p_{tc} angenähert konstant.

Wird der Abgasstrahl in der Primärdüse stark entspannt, so ist der statische Druck p_{c1} relativ klein. Bei genügend hohem Gesamtdruck im Zweitkreis p_{ts} der beigemischten Luft ist somit der statische Druck p_{s1} größer als der Druck p_{c1}. Im Querschnitt

A_{s1} erreicht die Machzahl den Wert $M_{s1} = 1$, d.h. der Druck p_{s1} wird gleich dem kritischen Druck. Es findet demzufolge eine weitere Expansion des Sekundärstrahles statt, wie sie Abb. 7 zeigt. In diesem Fall wird der Massenstrom der beigemischten Luft $\dot{m}_s$ durch den Querschnitt A_{s1} begrenzt ($M_{s1} = 1$).

Wird der Abgasstrahl in der Düse nicht so stark expandiert oder ist der Gesamtdruck des Sekundärstromes niedrig, dann stellt sich eine Machzahl $M_{s1} < 1$ ein und es findet eine weitere Expansion des Primärstrahles statt, wie in Abb. 4 dargestellt. Nunmehr wird der Massenstrom der beigemischten Luft durch denjenigen Querschnitt A_s begrenzt, in dem stromab gerade $M_s = 1$ herrscht.

Das Verhältnis Sekundärmassenstrom zu Primärmassenstrom $\dot{m}_s/\dot{m}_c$ für unterschiedliche Flächenverhältnisse A_{s1}/A_{c1} ist in Abb. 8 über dem Druckverhältnis p_{ts}/p_{tc} aufgetragen (T_{ts}/T_{tc} = konst). Die Berechnung des Massenstromverhältnisses erfolgte nach einer quasieindimensionalen Theorie. Beide Ströme haben verschiedene mittlere Drücke und Geschwindigkeiten, Reibungseffekte bleiben unberücksichtigt. Eine exakte Bestimmung der Schuberhöhung ist wegen der Druckmittelwerte nicht möglich. Der Einfluß der verschiedenen Parameter auf die Luftbeimischung wird jedoch qualitativ richtig erfaßt; auch quantitativ ergibt sich eine gute Übereinstimmung mit experimentellen Ergebnissen.

2.1.4 Der Einfluß des Totaltemperaturverhältnisses

Haupteinflußparameter der Luftbeimischung ist neben dem Gesamtdruckverhältnis p_{ts}/p_{tc} das Flächenverhältnis A_{s1}/A_{c1}. Ein bedeutsamer weiterer Parameter ist das Totaltemperaturverhältnis T_{ts}/T_{tc}. Da die Temperatur des Abgasstrahls i.a. vorgegeben ist und die Totaltemperatur der beigemischten Luft durch Flugmachzahl und Flughöhe bestimmt ist, läßt sich das Verhältnis T_{ts}/T_{tc} nur durch Aufheizung oder Abkühlung der Sekundärluft vor der Zumischung zum Primärstrahl beeinflussen.

In Abb. 9 ist das Massenstromverhältnis in Abhängigkeit vom Totaltemperaturverhältnis T_{ts}/T_{tc} für verschiedene A_{s1}/A_{c1}-Werte bei konstantem Druckverhältnis p_{ts}/p_{tc} dargestellt. Man erkennt ein Zunehmen des Massenstromverhältnisses $\dot{m}_s/\dot{m}_c$ bei abnehmendem Temperaturverhältnis T_{ts}/T_{tc}.

2.1.5 Verringerung der Schubverluste durch Luftbeimischung

Maximaler Schub kann von einer Schubdüse fester Geometrie nur im Auslegungspunkt erzielt werden. Ist das Verhältnis Umgebungsdruck zu Gesamtdruck in der Düse p_0/p_{tc} kleiner als das Verhältnis $(p_0/p_{tc})_{Ausl.}$, so ist der statische Druck in der Düsenaustrittsebene größer als der Umgebungsdruck ($p_a > p_0$). Es findet nach Austritt der Abgase aus der Düse eine Nachexpansion statt, die gegenüber Anpassung mit Verlusten behaftet ist. Dieser Fall tritt bei TL-Triebwerken z.B. dann ein, wenn die Fluggeschwindigkeit größer als die Auslegungsgeschwindigkeit ist.

Ist dagegen das Verhältnis $(p_0/p_{tc}) > (p_0/p_{tc})_{Ausl.}$, so ist der statische Druck in der Düsenaustrittsebene kleiner als der Umgebungsdruck. Dieser Betriebsfall wird als Überexpansion betrachtet, wobei am Düsenaustritt eine Rückverdichtung über Stöße auf Umgebungsdruck erfolgt, die ebenfalls verlustbehaftet ist.

In Abb. 10 sind die Nichtanpassungsverluste der Schubdüse eines TL-Triebwerks über der Flugmachzahl M_0 aufgetragen. Dabei liegen folgende Daten zugrunde:

Kompressordruckverhältnis	π_K	= 6
Turbineneintrittstemperatur	T_{t3}	= 1300 K
Flughöhe	H_0	= 11 km

Die konvergent-divergente Schubdüse soll so ausgelegt sein, daß sie für eine Flugmachzahl M_0 = 1,5 gerade bis auf Umgebungsdruck in H_0 = 11 km expandiert.

In der nächstfolgenden Abb. 5 sind die Schubverluste des gleichen TL-Triebwerks nur diesmal mit Luftbeimischung hinter dem engsten Querschnitt der Schubdüse dargestellt. Als Parameter wurde das Flächenverhältnis A_{s1}/A_{c1} gewählt. Die Austrittsfläche A_2 ist dabei so groß ausgeführt, daß sich der primäre Abgasstrahl bei einer Flugmachzahl M_0 = 2,5 gerade bis auf Umgebungsdruck entspannen kann. Man erkennt aus Abb. 5, daß eine gute Anpassung einer Überschalldüse nur dann zu erreichen ist, wenn das Flächenverhältnis A_{s1}/A_{c1} der Düse im Betrieb variabel bleibt. Mit Steigerung der Flugmachzahl und damit zunehmendem Verhältnis p_{tc}/p_0 muß der Massenstrom $\dot{m}_s$ der beigemischten Luft bzw. das Flächenverhältnis A_{s1}/A_{c1} reduziert werden, wenn ein möglichst großer Schub erzeugt werden soll. Die Änderung des Flächenverhältnisses A_{s1}/A_{c1} kann (vgl. Skizze S. 6) dadurch erfolgen, daß die divergente Düsenwand mit Klappen bestückt wird, die sich je nach dem an der Düse anliegenden Druckverhältnis p_0/p_{tc} öffnen bzw. schließen lassen. Eine andere mechanische Beeinflussung des Flächenverhältnisses besteht darin, vor der Eintrittsfläche des Sekundärmassenstroms in die Düse Umlenkschaufeln so anzuordnen, daß die Anströmrichtung der Sekundärluft und somit der effektive Eintrittsquerschnitt A_{s1} verändert werden kann.

Die bisherigen Ergebnisse bezogen sich auf ein Triebwerk, dessen Kompressordruckverhältnis als konstant, also unabhängig von der Flugmachzahl angesehen wurde. Mit Veränderung der Flugmachzahl M_0 ändern sich jedoch bei einem Triebwerk fester Geometrie sowohl das Kompressordruckverhältnis wie auch der durchgesetzte Massenstrom, und damit Gesamtdruck und Gesamttemperatur vor der Düse. Diese Größen sind aus dem vorliegenden Kompressorkennfeld eines Triebwerks zu ermitteln.

In Abb. 11 sind Totaldruck p_{tc} und Totaltemperatur T_{tc} vor der Schubdüse eines TL-Triebwerks fester Geometrie aufgetragen, wie sie sich aus dem Kompressorkennfeld bei konstant gehaltener Rotordrehzahl n und konstanter Turbineneintrittstemperatur T_{t3} ergeben (1. Regelgesetz).

Schubverluste, wie sie infolge der Nichtanpassung der Schubdüse bei diesem Triebwerk fester Geometrie auftreten, zeigt Abb. 12. Die Düse ist so ausgelegt, daß sie bei der Flugmachzahl $M_0 = 1{,}5$ auf Umgebungsdruck $(p_0)_{11\ km}$ expandiert.

Aus Abb. 13, in der die Schubverluste des gleichen Triebwerks fester Geometrie bei Luftzumischung hinter dem engsten Querschnitt der Schubdüse aufgetragen sind, ersieht man, daß es bei geeigneter Wahl des Flächenverhältnisses möglich ist, weitestgehend größere Schubverluste - wie sie bei der nichtangepaßten Düse auftreten (vgl. Abb. 12) - zu vermeiden.

2.2 Überschalldüsenanpassung

Im folgenden soll für eine Primärdüse hoher Austrittsmachzahl, also z.B. eine konvergente - divergente Raktendüse, untersucht werden, wie sich ihr Schub durch Luftbeimischung hinter dem engsten Querschnitt verbessern läßt. Das Massenstromverhältnis soll dabei in weiten Grenzen variabel sein.

Die erste Phase der Raumfahrt, in der wirtschaftliche Aspekte eines Antriebs nur eine untergeordnete Rolle spielten, ist abgeschlossen. Die mit den Abgasen aus luftatmenden Triebwerken und Raketen austretenden beträchtlichen kinetischen und thermischen Energien sind verloren. Sie zu nutzen, schlug Mélot bereits 1919 vor. Ein Weg ist die Luftzumischung, bei der die kinetische Strahlenergie des Primärstrahls zur Beschleunigung, und seine thermische Energie zur Aufheizung des Sekundärmediums dienen.

Durch eine Verbrennung des in den Abgasen noch reichlich vorhandenen, unverbrannten Treibstoffes mit dem Sauerstoff der beigemischten Luft ist eine weitere Schubsteigerung denkbar. Ziel der Untersuchung ist die Optimierung des Schubes einer Überschalldüse durch Luftbeimischung, wobei Aspekte wie minimaler Bauaufwand und niedriges Gewicht nicht übersehen werden sollen.

2.2.1 Eindimensionales Rechenverfahren

Fabri schlägt in [1] eine eindimensionale Betrachtungsweise vor, die der rotationssymmetrischen über weite Bereiche sehr nahe kommt. Sein Verfahren soll im folgenden mittels einiger bei anderen Verfassern genannter Kriterien erweitert werden.

Wird das Verhältnis der spezifischen Wärmen während der Expansion näherungsweise als konstant angesehen und gilt ferner $T_{t2} = T_{t1}$, so stellt sich das Verhältnis der statischen Temperatur in den Ebenen 1 und 2 (vgl. Skizze S. 12) wie folgt dar:

$$\frac{T_1}{T_2} = \frac{m^2 - M_1^{*2}}{m^2 - M_2^{*2}}$$

$$\text{mit } m^2 = \frac{k+1}{k-1}$$

Fabri [1] leitete für eine eindimensionale Überschallströmung nach dem Zusammentreffen von Primär- und Sekundärstrahl ein Gleichungssystem her. Es wird dabei von der wesentlichen Voraussetzung ausgegangen, daß sich beide Ströme im als Zweitdüsenkontur verwendeten zylindrischen Mischrohr nicht merklich vermischen, wenn ein genügend großes Verhältnis p_{tc}/p_0 vorliegt.

Aus der Kontinuitätsgleichung ergibt sich

$$\nu = \frac{A_{c2}}{A_{c1}} = \frac{M^*_{c1}}{M^*_{c2}} \cdot \left[\frac{m_c^{\,2} - M^{*\,2}_{c1}}{m_c^{\,2} - M^{*\,2}_{c2}}\right]^{1/(k_c-1)} \tag{3.1}$$

bzw. für Primär- und Sekundärstrom zusammen:

$$\frac{\lambda - \nu}{\lambda - 1} = \frac{M^*_{s1}}{M^*_{s2}} \cdot \left[\frac{m_s^{\,2} - M^{*\,2}_{s1}}{m_s^{\,2} - M^{*\,2}_{s2}}\right]^{1/(k_s-1)} \tag{3.2}$$

mit den geometrischen Kenngrößen

$$\lambda = A_2/A_{c1}$$

$$\nu = A_{c2}/A_{c1}$$

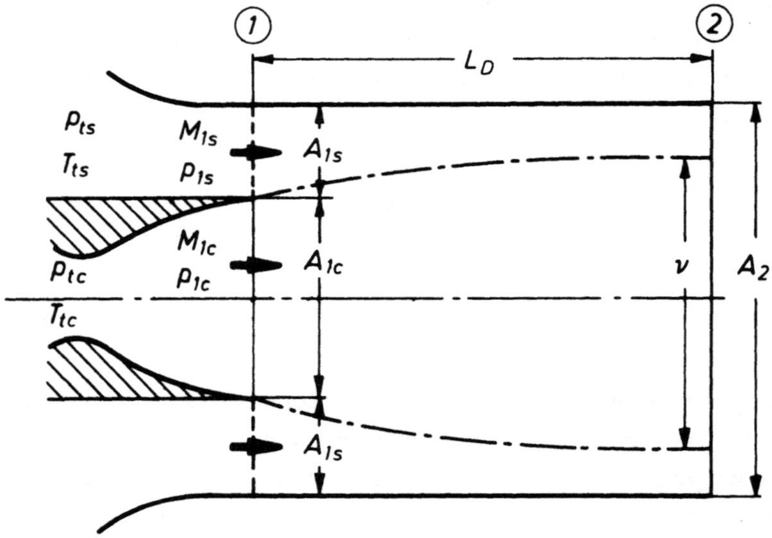

Setzt man für den Zustandsverlauf zwischen Schnittebene 1 und 2 adiabate Expansion an, dann läßt sich der Impulssatz - jeweils an Ein- und Austritt aus der Mischkammer angewandt - für beide Ströme folgendermaßen formulieren:

$$\left.\begin{array}{l} \dfrac{p_{c1}\cdot(1+M^{*\,2}_{c1})}{m_c^{\,2} - M^{*\,2}_{c1}} + (\lambda - 1)\;.\;\dfrac{p_{s1}\cdot(1+M^{*\,2}_{s1})}{m_s^{\,2} - M^{*\,2}_{s1}} = \\[2em] \dfrac{p_{c2}\;(1+M^{*\,2}_{c2})}{m_c^{\,2} - M^{*\,2}_{c2}} + (\lambda-\nu)\;\dfrac{p_{s2}\;(1+M^{*\,2}_{s2})}{m_s^{\,2} - M^{*\,2}_{s2}} \end{array}\right\} \quad (3.3)$$

Es ist zu beachten, daß sich für genügend niedrige Druckverhältnisse p_0/p_{tc} und unter der Voraussetzung $p_{c1} > p_{s1}$ bei beliebigen M_{s1}-Werten kleiner 1 beide Strömungen derart beeinflussen, daß der Sekundärstrahl stromab seinen kritischen Zustand erreicht ($M_s = 1$). Dieser Zustand wird in der Ebene 2 erreicht mit $M_{s2} = 1$.

Im umgekehrten Fall jedoch ($p_{c1} < p_{s1}$) stellt sich bereits im sekundärseitigen Eintrittsquerschnitt A_{1s} der kritische Zustand ein ($M_{s1} = 1$). Der Primärstrahl hingegen schnürt sich so lange ein, bis er $M_{c2} = 1$ erreicht. Die eindimensionale Betrachtung ist in diesem Fall weit weniger fehlerbehaftet als beim expandierenden Primärstrahl ($p_{c1} > p_{s1}$).

Unter Verwendung der vorhergehenden Gleichungen (3.1, 2, 3) können die fünf Unbekannten M^*_{s1} bzw. M^*_{s2}, M^*_{c2}, ν, p_{s2} und p_{c2} ermittelt werden.

Trotz gewisser Unzulänglichkeiten erfaßt das Verfahren vorhandene Einflußgrößen richtig in der Tendenz und zeigt über weite Bereiche gute Übereinstimmung mit der noch zu diskutierenden rotationssymmetrischen Lösung, die von Chow und Addy [2] vorgeschlagen wurde.

Wie schon angedeutet, ist obige Lösung nur dann gültig, wenn der Totaldruck des Primärstromes beim Eintritt in die zylindrische Mischkammer um einen bestimmten Faktor größer als der atmosphärische Gegendruck ist. Fabri [1] bestimmt diesen Faktor nach folgender Beziehung.

$$\frac{\hat{p}_{tc}}{p_0} = \frac{m_c^2 - M_{c2}^{*2}}{m_c^2 . M_{c2}^{*2} - 1} \cdot \left[\frac{m_c^2}{m_c^2 - M_{c2}^{*2}} \right] \cdot \left[\frac{m_c^2 . M_{c2}^{*2} - 1}{m_c^2 . M_{c2}^{*2}} \right]^{\frac{k_c}{k_c - 1} \cdot n_{pol}} \quad (3.4)$$

Für $p_{tc} > \hat{p}_{tc}$ wird mit der Überschallösung gerechnet, bei $p_{tc} < \hat{p}_{tc}$ kommt das Gleichungssystem der "Mischlösung" in Frage, bei der zwei mögliche Strömungszustände auftreten (siehe spätere Erklärung).

Vorerst soll auf den Fall $p_{tc} <$ konst $.p_0$ eingegangen werden, bei dem die sonst außerhalb der Düse gelegenen schrägen Verdichtungsstöße bei kleiner werdendem p_{tc}/p_0 -Verhältnis in die Mischkammer-Austrittsebene schwenken und weiter in die Mischkammer hineinwandern. Für diesen Fall kann sich sowohl Unter- wie Überschallgeschwindigkeit einstellen. Das Kriterium für diese oder jene Strömungsform stellt nach Sillem [4] das Verhältnis von Druck am Mischkammerende zu Atmosphärengegendruck dar: Bei ausreichend niedrigem Gegendruck ist eine Überschallströmung dann möglich, wenn einerseits die Primärströmung überkritisch ist und andererseits die Bedingung

$$p_0 \leq f_{max} . p_2$$

erfüllt ist, wobei für den Faktor f_{max} der Wert 1,7 (2,5; 3,3) entsprechend der kritischen Austrittsmachzahl $M_2^* = 1,2$ (1,7; 2,2) bei einem Isentropenexponenten $k = 1,4$ einzusetzen ist. Somit gilt angenähert

$$f_{max} \simeq 1,6 . M_2^* - 0,22$$

Wird diese Bedingung nicht erfüllt, wandern Stöße in die Mischkammer, die zum Zusammenbrechen der Überschallströmung führen (Unterschallgeschwindigkeit am Ende der Mischkammer). Da bei Anwendung von Kontinuitäts- und Impulssatz sowie der Energiegleichung auf eine Kontrollfläche sowohl Verdichtungsstöße wie auch Vermischung erfaßt werden, läßt sich das Gleichungssystem unter Annahme eines M^*_{s1}-Wertes iterativ lösen. Als Unbekannte treten M^*_{s1}, M^*_2 und p_2 auf ($p_{s1} < p_{c1}$). Für die Machzahl nach der Mischung ergibt sich eine quadratische Gleichung, deren erste Lösung $M^*_{2,I}$ im Überschallbereich liegt. Die zweite Lösung entspricht der für den senkrechten Verdichtungsstoß $M^*_{2,II} = 1 / M^*_{2,I}$.

Die unterkritische Lösung ist physikalisch immer möglich, während die Möglichkeit einer überkritischen Lösung durch das bereits erwähnte p_0/p_2-Verhältnis bedingt ist.

Fehlerquelle des Fabri-Verfahrens ist die Annahme vollständiger Mischung am Mischraumende, die bei der - aus gewichtsmäßigen und konstruktiven Überlegungen - kurzen Mischkammer nicht zu erwarten ist.

Das Massenstromverhältnis $\mu = \dot{m}_s/\dot{m}_c$ wird durch die Totaldrücke von Primär- und Sekundärkreis sowie durch die Querschnittsfläche der Mischkammer bestimmt. Für die Beurteilung der Anwendung einer schuberhöhenden Zweitkreiskontur ist der Fall verschwindenden Sekundärluft-Durchsatzes von großer Bedeutung. Dieser Zustand stellt sich ein, wenn

1. der Durchmesser der Mischkammer zu klein ist, so daß der Primärstrom für $p_{c1} > p_{s1}$ an der Mischraumwandung anliegt und den Zutritt von Sekundärluft unterbindet,
2. der Totaldruck des Sekundärkreises zu gering ist, d.h. daß der Sekundärluftdurchsatz bereits bei einem errechenbaren Druckverhältnis p_{ts}/p_{tc}, und nicht erst bei $p_{ts} = 0$ zu Null wird.

Sind aufgrund vorstehender Gleichungen alle Unbekannten ermittelt, kann die Schubberechnung erfolgen. Das Massenstromverhältnis μ bestimmt sich aus dem Kontinuitätssatz und lautet:

$$\mu_1 = \frac{1}{\sqrt{\tau}} \cdot (\lambda-1) \cdot \frac{p_{s1}}{p_{c1}} \cdot \frac{M^*_{s1}}{M^*_{c1}} \cdot \left[\frac{m_s{}^2 - M^*_{s1}{}^2}{m_c{}^2 - M^*_{c1}{}^2} \right]^{1/(k_c-1)} \qquad (3.5)$$

für $p_{s1} < p_{c1}$

mit $\tau = T_{ts}/T_{tc}$

bzw.

$\mu_2 = \omega \cdot \mu_1$ für $p_{s1} > p_{c1}$

mit $M^*_{s1} = 1$

und $\omega = \frac{p_{s1}}{p_0} \left[\frac{m_s{}^2}{m_s{}^2 - M^*_{s1}{}^2} \right]^{k_s/(k_s-1)}$

Sodann lautet die Schubgleichung

$$\left. \begin{aligned} F = \dot{m}_c \cdot c_{c2} + \mu \cdot \dot{m}_c \cdot c_{s2} + A_{c1} \cdot \nu \, (p_{c2} - p_0) + \\ + (A_2 - \nu \cdot A_{c1}) \cdot (p_{s2} - p_0) - \mu \cdot \dot{m}_c \cdot c_0 \end{aligned} \right\} \qquad (3.6)$$

und damit der spezifische Impuls

$$I_s = F/(\dot{m}_c \cdot g_0) \qquad (3.7)$$

Das Verfahren nach Fabri erfaßt also Primär- wie Sekundärströmung eindimensional, wodurch für Strömungsverläufe mit $p_{s1} > p_{c1}$ und kleinen $\varphi (= A_2/A^*_c)$ - Werten gültige Ergebnisse zu erwarten sind. Das Berechnungsverfahren hat, obwohl es Vergleichen mit experimentellen Ergebnissen durchaus standhält, folgende Nachteile:

- Weder Zähigkeits- noch Reibungsverluste werden berücksichtigt, noch wird die Mischzonenausbildung zwischen Primär- und Sekundärströmung beachtet.
- Die Berechnungsmethode ist ausschließlich auf die zylindrische Mischkammer beschränkt (unbekannte Wanddruckverteilung längs Sekundärkontur!)

- Die adiabatisch angenommene Expansion in beiden Teilströmen ist irreal.
- Dissoziation und Rekombination bleiben unberücksichtigt.

2.2.2 Ergebnisse der Fabri-Methode

Da sich die Unbekannten obiger Gleichungssysteme nicht explizit bestimmen lassen, wurden sie iterativ auf dem Digitalrechner CD 6400 bestimmt: Nach Abspeicherung der aus den eingegebenen Daten errechneten Kenngrößen wird vom Rechner derjenige Programmteil angesteuert, der nach entsprechender Abfrage den Lösungsgang für $p_{c1} > p_{s1}$, $p_{c1} < p_{s1}$ bzw. für vollkommene Mischung beider Strahlen (wegen eines hohen p_0-Wertes) angibt.

Für die Primärdüse wurde ein sekundlicher Massenstrom von $\dot{m}_c$ = 40 kg/sec angenommen.

Zur Untersuchung des Mischvorganges wurden folgende Größen variiert:

- Flugmachzahl M_0 und Flughöhe H_0 ($\rightarrow p_0$)
- Eintrittsmachzahl und -druck des Primärstromes in die zylindrische Mischkammer
- Verhältnis von Mischkammerquerschnitt A_2 zu Halsquerschnitt der Primärdüse ($\varphi = A_2/A_c^*$)
- Totaldruck vor der Primärdüse p_{tc} (bei Raketenmotor = Brennkammerdruck)

Die nachfolgenden Diagramme zeigen jene Auswirkungen, die durch Variation der Einflußgrößen entstanden sind. Eingetragen sind die Kurven in Koordiantensysteme, deren Ordinate den brennstoffspezifischen Impuls I_s [sec] und deren Abszisse die Flugmachzahl M_0 darstellen.

Abb. 14 zeigt die Variation von p_{tc} (primärseitiger Totaldruck) bei verschiedenen Flughöhen (H_0 = 0; 20; 40 km). Aus ihr geht hervor, daß bei niedrigen Flugmachzahlen hohe p_{tc}-Werte von Vorteil sind und umgekehrt. Welcher Totaldruck p_{tc} vor der Primärstrahldüse schlußendlich gewählt wird, hängt im wesentlichen von Flugaufgabe und Größe des Startschubes ab. Für eine Rakete bedeutet das folgendes:

Bei geringem Startschub (also vergleichsweise leichten Raketen) wirkt sich eine Vergrößerung des primären Brennkammerdruckes p_{tc} gewichtsmäßig stärker aus als bei großen Booster-Raketen. Andererseits ist der Raketenmotor bei kleinen Brennkammerdrücken größer als bei großen p_{tc}-Werten (gleicher Schub vorausgesetzt), so daß auch die Mischkammer größer (und schwerer) wird, wodurch der Flugwiderstand ansteigt. Hohe Brennkammerdrücke bedingen relativ leichte Brennkammern im Primärstrom und damit leichte Mischkammern, haben aber den Nachteil, daß sie in größeren Flughöhen aufgrund des niedrigen Umgebungsdruckes p_0 keine nennenswerte Schuberhöhung mehr aufbringen.

Eine generelle Aussage über optimale Verhältnisse läßt sich nicht treffen, vielmehr müssen Flugbahn-, Schub- und Gewichtsberechnung gleichzeitig erfolgen.

Den Einfluß der Variation des Flächenverhältnisses $\varphi = A_2/A_c^*$ auf den spezifischen Impuls zeigt Abb. 15 für H_0 = 10 und 40 km. Ebenfalls ist der Einfluß des statischen Druckes p_{c1} gezeigt, der 3 bzw. 5 bar beträgt. Mit zunehmenden φ-Werten steigt der Sekundärluftdurchsatz, wodurch Schub und brennstoffspezifischer Impuls gesteigert werden. Das starke Absinken des Impulses bei niedrigen Flugmachzahlen und hohen Flächenverhältnissen φ, d.h. großen A_{s2}-Werten, wird durch das Druckglied in der Schubgleichung verursacht. Bei steigender Flugmachzahl wird durch den sich vergrößernden Sekundärkreis-Druck dieser Einfluß kompensiert.

Abb. 16 zeigt den Einfluß des primären Mischkammereintrittsdruckes p_{c1}. Bei kleinen Drücken wird zunächst ein Ansteigen und nach Überschreiten eines Maximalwertes - der für p_{c1} = 1 bar bei M_0 = 1,5 und für p_{c1} = 3 bar bei M_0 = 2,7 liegt - ein starker Abfall im Verlauf der $I_s = f(M_0)$ - Kurve festgestellt. Der aufsteigende Kurvenast entspricht $p_{c1} > p_{s1}$, wobei sich M^*_{s2} und M^*_{c2} vergrößern und in einem hohen Austrittsimpuls resultieren ($M^*_{2s} = 1$). Der in der Schubgleichung negativ wirksame Eintrittsimpuls (= $\dot{m}_s \cdot c_0$) kann selbst bei höheren Flugmachzahlen nicht so groß werden, als daß er einen Abfall der I_s-Kurve herbeiführt.

Anders liegen die Verhältnisse für die Überschallösung $p_{c1} < p_{s1}$, bei welcher $M^*_{c2} \leq M^*_{c1}$ wird, so daß der M^*_{s2}-Wert kaum über 1 hinausgeht. Dadurch ist der Austrittsimpuls geringer als im voraufgehenden Beispiel: ab einer bestimmten Flugmachzahl überwiegt der negative Eintrittsimpuls, was zum Abfall des spezifischen Impulses führt. Bei Luftbeimischung sollte also zu höheren p_{c1}-Werten übergegangen werden. Dies hat zudem den Vorteil, daß die primärseitige Eintrittsfläche kleiner, also - bei unverändertem φ - die Fläche A_{s1} größer wird, was ebenfalls zu einer Schubsteigerung führt. Weiterhin hat die Absenkung der primären Eintrittsmachzahl (infolge höherer p_{c1}-Werte) schubsteigernde Wirkung, wie E. Sänger [5] nachweist.

Die soeben geschilderten Kurvenverläufe mit den daraus abgeleiteten Vorteilen (vgl. Abb. 16) scheinen mit wachsender Flugmachzahl M_0 nichtig zu werden, wie aus Abb. 17 hervorgeht, in der sich für p_{c1} = 5 bar über einen weiten Machzahlbereich eine geringere Leistungsverbesserung zeigt als für niedrigere primäre Mischkammereintrittsdrücke. Um jedoch die oben geschilderten Nachteile niederer statischer Drücke im Primärstrahl in niedrigen Flughöhen bei daraus resultierenden hohen sekundären Eintrittsdrücken zu vermeiden, sollte man - wegen der nur geringen Verminderung von I_s - zu hohen p_{c1}-Werten übergehen.

In Abb. 18 ist der Vergleich der relativen Erhöhung des spezifischen Impulses $\Delta I_s = (I_{s0} + I_{sm})/I_{s0}$ mit dem spezifischen Impuls ohne Luftbeimischung I_{s0} für die Treibstoffsysteme Kerosen (JP1)-LOX und LH_2 - LOX gezogen worden. Dabei zeigt sich, daß geänderte Werte von R, c_p, k, T_{tc} des Primärstromes bei niedrigen Flugmachzahlen keine und bei höheren Machzahlen nur geringe Auswirkungen auf die Schuberhöhung durch den Zweitstrahl haben.

Nächstfolgend ist in Abb. 19 der Verlauf der Machzahl im Mischkammereintritt des Sekundärstromes M_{s1} als Funktion des Druckverhältnisses p_{s1}/p_{tc} aufgetragen. Man ersieht, daß nicht erst bei $p_{s1} = 0$ bar die sekundäre Eintrittsmachzahl M_{s1} und damit das Massenstromverhältnis $\mu = \dot{m}_s/\dot{m}_c$ zu Null wird. Der Gegendruck beträgt vielmehr für $M_{c1} = 1{,}95$ $p_{s1,Min} = 0{,}21$ bar bzw. für $M_{c1} = 3{,}01$ $p_{s1,Min} = 0{,}15$ bar. Mit steigender Eintrittsmachzahl im Primärstrahl wird also der Grenzdruck $p_{s1,Min}$ eher erreicht d.h. der Zweitmassenstrom wird zu Null.

Der zum Vergleich in Abb. 19 eingetragene strichpunktierte Kurvenzug ist einer Veröffentlichung von Chow und Addy [2] entnommen. Er demonstriert für höhere M_{s1}-Werte die gute Übereinstimmung zwischen eindimensionaler und rotationssymmetrischer Betrachtung. Eine gute Übereinstimmung der in Abb. 19 dargestellten Zusammenhänge mit theoretischen Untersuchungen von Korst [10], in denen er den Druck $p_{s1,Min} = f(M_{c1})$ für ein k = 1,2 bestimmte, zeigt Abb. 20.

2.2.3 Vollkommene Mischung

Die vollkommene Mischung eines mit hoher Überschallgeschwindigkeit in eine Mischkammer eintretenden Primärstrahls mit einem Sekundärstrahl ist umstritten. Experimentelle Untersuchungen haben eine vollkommene Mischung unwahrscheinlich erscheinen lassen [3]. Verfasser wie Sillem [4], Kennedy [6] und Fabri [1] halten eine Überschallösung nur unter bestimmten Voraussetzungen für möglich.

Sillem gibt als Kriterium für eine Überschallösung an, daß einerseits die Primärströmung mit überkritischem Zustand in die Mischkammer eintritt (was bei einer Raketenschubdüse mit Luftbeimischung hinter dem engsten Querschnitt immer zutrifft). Andererseits soll der Umgebungsdruck p_0 um einen bestimmten Faktor f_{max} unter dem Mischkammer-Enddruck bleiben:

$$p_0 \leq f_{max} \cdot p_2 \qquad (3.8)$$

Der Faktor f_{max} wird von Sillem mit 1,7/ 2,5/ 3,3 für $M_2^* =$ 1,2/ 1,7/ 2,2 bei k = 1,4 angegeben (vgl. Seite 14).

Abb. 22 zeigt die Grenze f_{max}, sowie die p_0/p_2-Kurven für zwei Flughöhen (H_0 = 0/10 km). Lediglich für die Flughöhe H_0 = 0 km oberhalb $M_2^* = 1{,}79$ findet eine Beeinträchtigung der Strömung nach Sillem in der Weise statt, daß die Überschallströmung zusammenbricht. Für alle übrigen Flughöhen (z.B. H_0 = 10 km) ergibt sich keine Beeinträchtigung der Überschallösung.

Eine andere Grenzbedingung hat Kennedy [6] aufgestellt. Für den Totaldruck des gemischten Fluids ergibt sich nach seinen theoretischen Überlegungen ein oberer Grenzwert:

$$C = \frac{p_{t2}}{p_{tc}} \leq \left[\frac{T_{t2}}{T_{tc}} \cdot \left(\frac{T_{tc}}{T_{ts}}\right)^{\mu/(1+\mu)} \right]^{k/(k-1)} \cdot \left(\frac{p_{ts}}{p_{tc}}\right)^{\mu/(1+\mu)} \qquad (3.9)$$

Abb. 21 zeigt, daß dieses Kriterium nach Kennedy für genügend große M_2^*-Werte erfüllt ist (Grenzwert: $M_2^* = 1{,}22$). Fabri [1] erstellte ebenfalls durch die Bildung einer Grenzbeziehung ein Kriterium für die Möglichkeit einer Unterschallströmung.

$$\hat{p}_{tc} = p_2 \cdot \frac{m_s^2 - M_2^{*2}}{m_2^2 . M_2^{*2} - 1} \cdot \left[\frac{m_2^2}{m_2^2 - M_2^{*2}} \right]^{2k/(k-1)} \qquad (3.10)$$

Wird der Grenzwert $\hat{p}_{tc}$ durch den Totaldruck p_{tc} - der bei einer Rakete identisch mit dem Brennkammerdruck ist -

unterschritten, so existiert für obige quadratische Gleichung eine Unterschallösung. Für Raketendüsen mit Luftbeimischung, für die ohnehin wegen Baugewicht und Raumbedarf hohe Brennkammerdrücke zu wählen sind, ist das Fabri-Kriterium ohne Belang. Bei kleinen Totaldrücken p_{tc} vor der Primärdüse, wie sie bei luftatmenden Triebwerken vorkommen, ist die Unterschallösung jedoch durchaus von Bedeutung.

Abb. 23 gibt darüber Auskunft, welche Abhängigkeit zwischen der kritischen Machzahl M_2^* am Mischkammeraustritt und dem Quotienten p_{ts}/p_{tc} besteht. Das Diagramm zeigt, daß die Machzahl M_2^* generell mit steigendem p_{ts}/p_{tc} abfällt, da die steigenden Werte von p_{ts} indirekt mit dem steigenden Umgebungsdruck p_0 gekoppelt sind, der damit Einfluß auf die Zustände am Austritt des Mischraumes nimmt. Bis herauf zu $M_2^* = 1,4$ besteht ein eindeutiger funktionaler Zusammenhang zwischen M_2^* und p_{ts}/p_{tc}. Durch die Abhängigkeit von Flughöhe und Flugmachzahl ergibt sich für niedrige Sekundärdrücke p_{ts} ein Feld möglicher Lösungen für M_2^*. Auch hier bestätigt sich die Forderung nach einem hohen Wert p_{tc}.

Das Schubverhalten einer Raketendüse, die mit Luftbeimischung ausgestattet ist, stellt Abb. 24 dar, wobei die gestrichelten Kurvenzüge nach der Methode der vollkommenen Mischung, die ausgezogenen nach der Fabri-Methode bestimmt wurden. In geringen Flughöhen bei hohem Umgebungsdruck findet nach beiden Lösungswegen eine sehr starke Impulszunahme ΔI_s statt, die jedoch mit wachsender Flughöhe verschwindet. Dies ergibt sich aus den niedrigen Totaldrücken im Zweitkreis, woraus ein geringer Zweitmassenstrom resultiert. Erwartungsgemäß verlaufen die Kurven in der Tendenz gleich, zeigen für vollkommene Mischung jedoch höheren brennstoffspezifischen Impuls aufgrund der Ausnutzung der Raketenabgas-Restenthalpie.

2.2.3.1 Schubsteigerung durch Nachverbrennung

Durch zusätzliche Verbrennung der brennstoffreichen Raketenabgase mit dem Sauerstoff der beigemischten Luft kann eine weitere Schubsteigerung erzielt werden.

Die Enthalpie der Brenngase läßt sich nach dem Verfahren von Heller [7] ermitteln. Aus der Enthalpie dieser Nachverbrennung Δh_{PC} wird mittels des Energiesatzes die Austrittsgeschwindigkeit aus der Mischkammer bei vollkommener wie auch verlustbehafteter Mischung bestimmt:

$$2h_2 + k_2 . M_2^2 . R_2 . T_2 = \frac{2 . \eta_{PC} + 2(h_{tc} + h_{ts})}{1 + \mu} \qquad (3.11)$$

η_{PC} = Wirkungsgrad der Nachverbrennung

Grivès [8] stellte fest, daß der Verbrennungswirkungsgrad für hohe M_{c1}-Werte sehr schlecht wird, was mit früher getroffenen Feststellungen übereinstimmt.

Perini [9] hat speziell an Feststoffraketen unterschiedlicher Treibstoffkombination den Aspekt der Schubsteigerung durch Verbrennung nach Luftbeimischung zum Abgasstrahl untersucht.

2.2.3.2 Wandreibung und Mischkammerlänge

Zwar wurden Verluste durch Mischung bisher in Form des Impuls- und Energiesatzes berücksichtigt, jedoch fehlte bislang in allen Beziehungen die Wandreibung, die die Funktion der Mischkammer u.U. erheblich beeinträchtigen kann. Die mittlere Reibungskraft (die im Impulssatz einzusetzen wäre), ergibt sich bei vollständiger Mischung zu:

$$F_R \simeq \lambda_F \cdot \frac{\dot{m}_2}{2} \cdot M_2^* \cdot \sqrt{R_2 \cdot T_{t2} \cdot \frac{m_2^2 + 1}{m_2^2}} \cdot \frac{L}{D_2} \qquad (3.12)$$

Die Reibkraft F_R steigt demzufolge im wesentlichen mit wachsenden Werten für den Reibungskoeffizient λ_F, die Machzahl M_2^* und die Mischkammerlänge L.

Der Reibungskoeffizient wird nach der Beziehung von Nikuradse bestimmt:

$$\lambda_F = 0{,}0032 + 0{,}221 \cdot Re^{-0{,}237}$$

Da die Verluste durch Wandreibung bei überkritischen Strömungen erheblich werden, ist es natürlich sinnvoll, die Mischrohre möglichst kurz auszuführen.

Nach Untersuchungen von Sillem [4] macht sich bei kleinen, in der Größenordnung von $L/D_2 = 6 \div 9$ liegenden Quotienten ein Einfluß des Gegendruckes bemerkbar. Legt man die Vermutung zugrunde, daß bei diesen Rohrlängen keine Strahlvermischung beider Ströme auftritt, so macht sich der Gegendruck in Wandnähe stromauf bemerkbar.

Die Beziehung für die Reibkraft wird bei der Fabri- bzw. Chow-Addy-Methode nur auf den Sekundärstrom angewandt. Da der überkritische Primärstrahl die Mischkammerwandungen nicht berührt, werden logischerweise die Reibungskräfte vermindert.

2.2.3.3 Einfluß der Flugbahn

Bei einer Raktendüse mit Luftbeimischung stellt sich neben dem Problem, Gravitations- und Luftwiderstand klein zu halten, noch die Aufgabe, den brennstoffspezifischen Impuls - der in sehr starkem Maße von der Flugbahn abhängt - zu optimieren. Daher wird die Flugbahn einer Rakete mit Luftbeimischung anders verlaufen als die eines konventionellen Boosters.

Nüdling hat einen solchen Vergleich an einer einstufigen Trägerrakete mit und ohne Luftbeimischung durchgeführt. Wie Abb. 25 zeigt, verläuft die Bahn der Rakete mit Luftzumischung flacher, um einerseits genügend große Sekundärstrom-Totaldrücke zu erzielen (vgl. Abb. 14 bis 19), und um andererseits einen Sekundärmassenstrom möglichst hoher Dichte aufzunehmen.

Um genauere Ergebnisse zu erstellen, als das von Fabri beschriebene eindimensionale Verfahren in der Lage ist, bietet sich das Charakteristikenverfahren an. Es erlaubt zudem, die Form der Mischkammerwandung beliebig zu wählen, da nunmehr die Berechnung des Druckgliedes in der Schubformel (abgeleitet aus Impulssatz) aufgrund bekannter Wanddruckverteilung möglich ist.

2.2.3.4 Die Mischzone

Sowohl die eindimensionale Theorie nach Fabri [1] als auch die rotationssymmetrische nach Chow und Addy [2] klammern die Mischzonenbildung zwischen dem Primärstrahl hoher Austrittsmachzahl und dem Sekundärstrahl, die sich vor allem bei kleinen Massenstromverhältnissen einstellen, aus ihren Betrachtungen aus. Wohl existieren einige Theorien über diese Mischzonenbildung u.a. von Libby [11], Alpinieri [12] und Perrini [13], die z.T. starke Gemeinsamkeiten aufweisen; unterschiedlich sind im wesentlichen nur die Voraussetzungen.

2.2.4 Zusammenfassung

Bezüglich der Luftbeimischung zu Primärstrahlen hoher Austrittsgeschwindigkeit (z.B. zu Abgasstrahlen aus Raketendüsen), die unter der Voraussetzung reibungsfreier Strömung und konstanten Mischrohrquerschnittes gerechnet wurde, ergaben sich folgende Tendenzen:

Die relative Steigerung der brennstoffspezifischen Impulse ist in niedrigen Flughöhen stark von der Flugmachzahl abhängig. Die anfangs rasche Impulszunahme bei Steigerung der Machzahl verliert sich mit steigender Flughöhe H_0, um bei H_0 = 50 km Höhe zu Null zu werden.

Die Variation des Totaldruckes im Primärkreis p_{tc} ergab, daß im niedrigen Machzahlbereich hohe p_{tc}-Werte bessere Leistungen erbringen. Umgekehrt wurde bei hohen Flugmachzahlen eine Steigerung des spezifischen Impulses mit niedrigen p_{tc}-Werten festgestellt. Welcher Druck p_{tc} definitiv gewählt wird, hängt wesentlich von Flugaufgabe und Startschubniveau ab.

Da große Flächenverhältnisse φ aufgrund des damit gekoppelten Mischkammerquerschnitts einen großen Luftwiderstand erzeugen, ist die mit steigenden φ-Werten verbundene Schuberhöhung vorsichtig zu beurteilen.

Für den primärseitigen Mischkammereintrittsdruck zeigte sich, daß größere Steigerungen des spezifischen Impulses erst oberhalb eines Druckes von p_{c1} = 3 bar zu erreichen waren, obgleich die Machzahl M_{c1} hierbei kleiner war als bei einem niedrigen p_{c1}-Wert. Mit weiter steigenden Eintrittsdrücken p_{c1} war eine weitere Impulssteigerung zu verzeichnen, sodaß die Richtigkeit der Luftzumischung direkt hinter dem Halsquerschnitt der Primärdüse bestätigt wird.

Bei der vollkommenen Mischung galt das Hauptinteresse jenen Kriterien, die eine Überschallösung für die Mischkammer-Austrittsmachzahl ausschließen. Die von unterschiedlichen Verfassern hierfür aufgestellten Kriterien finden für Totaldrücke p_{tc} > 13,5 bar keine Anwendung, so daß in Raketendüsen eine Überschallösung ungefährdet bleibt.

Um weitergehende Aussagen über die gasdynamische Anpassung von Schubdüsen machen zu können, muß zunächst die Düsenströmung als solche betrachtet werden.

3. Zweidimensionale Düsenströmung

Nach der eindimensionalen Theorie - die in mathematisch einfacher Weise einen qualitativ guten Überblick verschafft - sind in jedem Düsenquerschnitt

die Machzahl,
der Druck und
die Temperatur

konstant. Die wirklichen Verhältnisse in einer Düsenströmung stimmen hiermit nicht überein; die obigen Größen sind sehr wohl über einen Querschnitt variabel und werden durch die zweidimensionale Theorie gut wiedergegeben. So werden Linien konstanter Machzahl durch Parabeln höherer Ordnung repräsentiert und die Schallinie ($M^* = 1$) fällt nicht mit dem geometrisch engsten Querschnitt zusammen. Beim Vergleich der Machzahlverläufe in einer konvergent-divergenten Düse fällt auf, daß zwar im hohen Unterschall keine gravierenden Unterschiede zwischen eindimensionaler und rotationssymmetrischer Betrachtung bestehen, daß jedoch für die hohen Überschallwerte die eindimensionale Theorie zu falschen Ergebnissen führt.

3.1 Transsonische Strömung

Für die Berechnung des divergenten Überschallteiles einer Düse ist die Kenntnis der transsonischen Strömung in der Umgebung des Halsquerschnittes von entscheidender Bedeutung. Die mathematische Behandlung dieses Strömungsfeldes gestaltet sich jedoch als recht schwierig, da in diesem Bereich die Teilchengeschwindigkeit und die Ausbreitungsgeschwindigkeit kleiner Druckstörungen von vergleichbarer Größenordnung sind. Mathematisch wird das Verhalten der Strömung in Schallnähe durch eine nichtlineare partielle Differentialgleichung wechselnden Typs beschrieben.

Die Ausbildung der transsonischen Strömung hängt nun wesentlich von der Anströmgeschwindigkeit ab, die bei der Düsenströmung als reine Unterschallanströmung vorliegt. Für diesen Fall der beschleunigten Strömung lassen sich aus der Potentialgleichung der Strömung neben der Schallinie (M = 1) eine Grenzmachlinie und eine Einflußgrenze gewinnen. Die Grenzmachlinie ist die Einhüllende einer Charakteristikenschar und berandet stromaufwärts denjenigen Teil des Überschallgebietes der Düse, welcher dem Unterschallgebiet Störungen mitteilen kann. Die Einflußgrenze hingegen bestimmt stromab den Teil der Düsenströmung, in dem das Unterschallgebiet der Überschallströmung Störungen mitteilen kann. Der Einfluß der Unterschallströmung reicht also längs der Düsenhalswand über den geometrisch engsten Querschnitt hinaus in das Gebiet des Überschalls. Die mathematische Ableitung dieser Linien kann entsprechnd [14] nachvollzogen werden.

3.1.1 Charakteristische Strömungsgrößen im transsonischen Gebiet

Die kritische Kurve ist mathematisch gegeben durch $M^* = 1$. Die Scheitellinie ist der geometrische Ort aller Punkte, für die der Strömungswinkel Θ identisch Null ist (achsparallele Strömung); sie trifft die Düsenkontur im geometrisch engsten Querschnitt.

Die Potentialgleichung für rotationssymmetrische Strömung

Die allgemeine Potentialgleichung für rotationssymmetrische, reibungs- und wirbelfreie Strömung lautet:

$$(1- \frac{\phi_x^2}{a^2}) \cdot \phi_{xx} - 2 \frac{\phi_x \cdot \phi_y}{a^2} \cdot \phi_{xy} + (1 - \frac{\phi_y^2}{a^2}) \cdot \phi_{yy} + \frac{\phi_y}{y} = 0$$

Bei Zugrundelegung isentroper Strömung (s=konst) und durch Beziehen auf die kritischen Zustandgrößen p^* bzw. ρ^* überführt man die allgemeine Potentialgleichung mit Hilfe der Bernoulli-Gleichung in die folgende Form:

$$\phi_{yy} + \frac{\phi_y}{y} = \frac{2\phi_x\phi_y\cdot\phi_{xy} + \left[\frac{k-1}{2}\,\phi_y^2 + \frac{k-1}{2}\,(\phi_x+a^*).(\phi_x-a^*)\right]\phi_{xx} - \frac{\phi_y^3}{y}}{a^{*2} - \frac{k-1}{2}\,(\phi_x+a^*)\,(\phi_x-a^*) - \frac{k+1}{2}\,\phi_y^2}$$

mit dem nach Mayer benannten Potenzreihenansatz für das Geschwindigkeitspotential (wobei der Entwicklungspunkt im Schalldurchgang liegt) erhält man aus der allgemeinen Potentialgleichung für alle interessierenden Größen des transsonischen Gebietes durch Koeffizientenvergleich Lösungen in zwei Veränderlichen.

Es ist zu beachten, daß dieser Koeffizientenvergleich nur eindeutige Ergebnisse liefert, wenn der Wert des Potentials im Entwicklungspunkt und die Geschwindigkeitsverteilung längs der Düsenachse vorgegeben sind.

Das Geschwindigkeitspotential

Mit dem Entwicklungspunkt im Schalldurchgang (M = 1) ergibt sich für das Geschwindigkeitspotential folgende Potenzreihe:

$$\frac{\phi(x,y)}{a^*.\ \ell} = \frac{x}{\ell} + \frac{1}{2}\cdot\frac{x^2}{\ell^2} + \frac{k+1}{4}\,\frac{xy^2}{\ell^3} + \frac{(k+1)(2k-1)}{8}\,\frac{x^2y^2}{\ell^4} + \text{Glieder } \geq 3.\text{Ordnung}$$

ℓ = freier Längenparameter

Mit Hilfe dieses Geschwindigkeitspotentials lassen sich nunmehr folgende Strömungsgrößen in nicht allzu großer Entfernung vom Entwicklungspunkt berechnen:

die Machzahl M,
den Stromlinienwinkel Θ,
die Dichte ρ,
den Druck p und
die Stromfunktion ψ.

Die kritische Kurve

Mit der Nebenbedingung $M^* = 1$ erhält man aus der Reihenentwicklung für die Machzahl M(x,y) eine Entwicklung für die kritische Kurve. Ihre ersten Glieder lauten:

$$\frac{x_k}{l} = -\frac{k+1}{4}\frac{y_k^2}{l^2} + \frac{(k-1)^2(2k-3)}{64}\cdot\frac{y_k^4}{l^4} + \frac{(k+1)^3(8k^2+43k-39)}{1536}\frac{y_k^6}{l^6} + \ldots$$

Scheitellinie

Die Nebenbedingung $\Theta = 0$ liefert bei Einsetzung in die Reihenentwicklung für den Strömungswinkel $\Theta(x,y)$ die Gleichung der Scheitellinie:

$$\frac{x_s}{l} = -\frac{k+1}{8}\cdot\frac{y_s^2}{l^2} - \frac{(k+1)^2(2k-1)}{128}\cdot\frac{y_s^4}{l^4} + \ldots$$

Anfangscharakteristik

Die obigen Potenzreihen werden in [15] zur numerischen Berechnung spezieller transsonischer Charakteristiken herangezogen. Für bestimmte Isentropenexponenten k sind die erhaltenen Werte

- der Koordinaten x_c bzw. y_c,
- der Geschwindigkeitskomponenten u_c bzw. v_c,
- der Machzahl M_c
- des Strömungswinkels Θ_c und
- der Stromfunktion ψ_c

tabelliert. Mit diesen Anfangswerten und einer als Düsenkontur gewählten Stromlinie läßt sich nun mit Hilfe des Charakteristikenverfahrens die transsonische Strömung ins Überschallgebiet fortsetzen.

Die in [15] tabellierten Anfangscharakteristiken gewährleisten eine Kontur des Überschallteils der Düse ohne Krümmungssprünge.

3.2 Das Charakteristikenverfahren

Die die Bewegung kompressibler Strömungen in zwei oder drei Dimensionen beschreibenden Differentialgleichungen lassen sich nur für gewisse Probleme wie z.B. beschleunigte Düsenströmungen geschlossen lösen. Für diese Differentialgleichungen vom hyperbolischen Typ lassen sich mit Hilfe sogenannter charakteristischer Kurven Lösungen der Bewegungsgleichung angeben.

3.2.1 Charakteristische Gleichungen

Zur mathematischen Behandlung der Überschalldüsenströmung werden folgende vereinfachende Annahmen getroffen:

- ideales Gas, c_p = konst
- adiabate, reibungsfreie Strömung; ferner
- stationäre, wirbelfreie Strömung.

Die Potentialgleichung der zweidimensionalen und rotationssymmetrischen Strömung kann auf die allgemeine Form

$$A.\phi_{xx} + 2B.\phi_{xy} + C.\phi_{yy} = D$$

transformiert werden. Die Faktoren A, B, C und D sind i.a. Funktionen der Koordinaten x bzw. y der Geschwindigkeitskomponenten ϕ_x bzw. ϕ_y. Da die Strömungsgrößen auf den Charakteristiken stetig sein sollen, kann man die Potentialderivativa durch folgende Beziehungen wiedergeben:

$$d\phi_x = \phi_{xx}dx + \phi_{xy}\,dy$$

$$d\phi_y = \phi_{xy}dx + \phi_{yy}.dy$$

Man erhält auf diese Weise ein lineares Gleichungssystem für die Potentialderivativa ϕ_{xx}, ϕ_{yy} und ϕ_{xy}.

Werden längs der charakteristischen Kurven Unstetigkeiten in den Derivativa der Strömungsgrößen zugelassen, so ergibt sich aus dem gemischten Derivativ ϕ_{xy}:

- der Anstieg der Charakteristik in der x-y-Ebene $(\frac{dy}{dx})_{I;II}$ [der sogenannten physikalischen Ebene], durch Nullsetzen des Nenners.
- der Anstieg der Charakteristik in einer u-v-Ebene $(\frac{d\phi_y}{d\phi_x})_{I;II}$, der Hodographenebene, durch Nullsetzen des Zählers.

Obige Betrachtungen führten also zu jeweils zwei Paaren simultaner, gewöhnlicher Differentialgleichungen 1. Ordnung. Sie definieren charakteristische Kurven und stellen Lösungen der Bewegungsgleichungen dar.

Ein Koeffizienvergleich mit der Potentialgleichung des zu berechnenden Strömungsfeldes liefert die Faktoren A, B, C und D-

3.2.2 Das numerische, rotationssymmetrische Charakteristikenverfahren

Für den Fall stationärer, rotationssymmetrischer und wirbelfreier Strömung erhält man durch Koeffizientenvergleich mit den Differentialgleichungen der Charakteristiken

$$A = a^2 - u^2$$

$$B = -u \cdot v$$

$$C = a^2 - v^2$$

$$D = - \frac{a^2 \cdot v}{y}$$

Die sich durch Einsatz in die Dgl'n der Charakteristiken ergebenden Ausdrücke $(\frac{dy}{dx})_{I;II}$ und $(\frac{dv}{du})_{I;II}$ lassen sich handlicher gestalten, indem man die Derivativa in Abhängigkeit von der Geschwindigkeit und den Strömungswinkeln in <u>einem</u> Punkt darstellt. Die so erhaltenen vier charakteristischen Gleichungen

$$\left(\frac{dy}{dx}\right)_{I;II} = \tan\,(\theta \mp \alpha)$$

$$\frac{1}{V}\left(\frac{dV}{d\theta}\right)_{I;II} = \mp \tan\alpha + \frac{\sin\alpha.\tan\alpha.\sin\theta}{\sin(\theta\mp\alpha)}\,\frac{1}{y}\left(\frac{dy}{d\theta}\right)_{I;II}$$

hängen stets von den Koordinaten x und y (physikalische Ebene) und gleichzeitig auch von den Geschwindigkeitskomponenten u und v (Hodographen-Ebene) ab.

Es bedeuten:

θ = Stromlinienwinkel gegen x-Richtung
α = Mach'scher Winkel
V = Strömungsgeschwindigkeit
u = Geschwindigkeitskomponente in x-Richtung
v = Geschwindigkeitskomponente in y-Richtung
I = rechtslaufende Charakteristik (Typ I)
II = linkslaufende Charakteristik (Typ II)

Grundschritt des Charakteristikenverfahrens

Gegeben sind zwei Punkte 1 und 2; Punkt 3 soll bestimmt werden. In erster Näherung wird vorausgesetzt, daß entlang der Charakteristik I die Strömungsgrößen unverändert bleiben. Dies bedeutet, daß in 1 und 3 gleiche Strömungsgrößen herrschen. In erster Näherung lassen sich somit aus Differenzengleichungen - wenn wir eine analoge Überlegung längs der Charakteristik II durchführen - x_3 und y_3 bestimmten.

Die Strömungsgeschwindigkeit V_3 und der Stromlinienwinkel θ_3 lassen sich im rotationssymmetrischen Fall nur in der Hodographen-Ebene ermitteln. Die linearisierten Gleichungen der Charakteristiken für die Hodographen-Ebene lauten in Differenzenform

$$\theta_3 - \theta_1 + Q_1\,(V_3 - V_1) - \frac{G_1}{y_1}\,(y_3 - y_1) = 0$$

$$\theta_3 - \theta_2 - Q_2\,(V_3 - V_2) + \frac{F_2}{y_2}\,(y_3 - y_2) = 0$$

mit $Q = \frac{\cot\alpha}{V}$ $\quad F = \frac{\sin\theta\,.\,\sin\alpha}{\sin(\theta+\alpha)}$ $\quad G = \frac{\sin\theta.\sin\alpha}{\sin(\theta-\alpha)}$

Die Strömungsgeschwindigkeit V_3 und der Stromlinienwinkel Θ_3 des gesuchten Punktes 3 lassen sich in 1. Näherung mit der in der physikalischen x-y-Ebene gefundenen Größe y_3 berechnen. Durch mehrfache Wiederholung des Grundschrittes wird der Punkt 3 endgültig bestimmt. Dabei werden längs der entsprechenden Charakteristiken die Strömungsgrößen Θ, α, V, Q, F, G und y gemittelt und der Grundschritt mit diesen Mittelwerten solange wiederholt, bis die gewünschte Genauigkeit für Punkt 3 erfüllt ist.

Wegen der Überführung der Differential- in Differenzengleichungen ist die Genauigkeit des erzielten Ergebnisses stark von der Zahl der Charakteristiken-Netzpunkte abhängig. Da jeder neuberechnete Punkt die Ausgangsbasis für die weiteren Netzpunkte darstellt, ist eine entsprechend hohe Genauigkeit für den Iterationsprozeß anzusetzen, zumal sich Iterations-Rechenfehler kumulativ im Strömungsfeld fortsetzen.

3.3 Die rotationssymmetrische Parallelstrahldüse

Eine Parallelstrahldüse beschleunigt das durchgesetzte Strömungsmedium bis zur geforderten Austrittsmachzahl derart, daß die Abströmung uniform, homogen und achsparallel erfolgt. Dieser Düsentyp liefert zwar theoretisch bei Druckanpassung im Austrittsquerschnitt maximal erreichbaren Schub, hat jedoch den großen baulichen Nachteil, daß zur Herstellung der achsparallelen Abströmung eine große Düsenlänge erforderlich ist.

3.3.1 Rotationssymmetrische Parallelstrahldüse für die Austrittsmachzahl M_A = 1,7

Die unter Kapitel 3.3.1.1 aufgeführten Daten des Schubdüsenprüfstands des Instituts gestatten, Düsen bis zu Austrittsmachzahlen von M_A = 2 mit einem sekündlichen Massenstrom bis zu $\dot{m}$ = 5,7 kg/sec für Luft und Verbrennungsgas zu betreiben. Alle zur Berechnung verwendeten FORTRAN-Programme wurden deshalb variabel in den Größen

- sekündlicher Massenstrom,
- stat. Druck vor der Düse,
- stat. Temperatur vor der Düse und
- Wert des Isentropenexponenten k

geschrieben.
In diesem Bericht wird die vollständige Berechnung am Beispiel einer Parallelstrahldüse für die Austrittsmachzahl $M_A = 1{,}7$ gezeigt. Als Strömungsmedium wird Verbrennungsgas mit der Temperatur vor der Düse von

$$T_o = 1273 \text{ K}$$

und einem Brennstoff-Luft-Verhältnis $\beta = 0{,}02$ angenommen. Hierzu ergibt sich ein Isentropenexponent von $k = 1{,}318$. Um jedoch die tabellierten Anfangscharakteristiken nach [15] verwenden zu können, wird der Isentropenexponent zu

$$k = 1{,}3$$

festgelegt. Die spezifischen Wärmen werden in erster Näherung als konstant angesehen.

3.3.1.1 Festlegung der Düsengeometrie

Unter Benutzung der Isentropenbeziehung, Energie- und allgemeiner Zustandsgleichung ergibt sich bei bekanntem sekundlichen Massenstrom $\dot{m}^* = \dot{m}\,(M^* = 1;\ M_o = 0)$ der engste Querschnitt:

$$A^* = \frac{\dot{m}^*}{\left(\frac{2}{k+1}\right)^{\frac{k+1}{2(k-1)}} \cdot p_A \left(1 + \frac{k-1}{2} M_A^2\right)^{\frac{k}{k-1}} \cdot \left(\frac{k}{R \cdot T_o}\right)^{1/2}}$$

Der Radius des engsten Querschnitts y^* ergibt sich zu:

$$y^* = \sqrt{A^*/\pi}\ ,$$

der Austrittshalbmesser y_A zu:

$$y_A = \left[\frac{A^*}{\pi . M_A} \left(\frac{1+ \frac{k-1}{2} M_A^{\,2}}{1+ \frac{k-1}{2}} \right)^{\frac{k+1}{2(k-1)}} \right]^{1/2}$$

Mit den Auslegungsdaten

Austrittsmachzahl	M_A	= 1,7
Isentropenexponent	k	= 1,3
Temperatur vor der Düse	T_o	= 1273 k
Umgebungsdruck	p_A	= 103321 N/m^2
Gaskonstante	R	= 287 J/kg grd
sekündl. Massenstrom	$\dot{m}$	= 1 kg/sec

ergeben sich die Daten der Geometrie:

engster Querschnitt	A^*	= $18{,}412 . 10^{-4}$ m^2
Radius engster Querschnitt	y^*	= $2{,}42 . 10^{-2}$ m
Austrittsquerschnitt	A_A	= $25{,}208 . 10^{-4}$ m^2
Radius Austrittsquerschnitt	y_A	= $2{,}83 . 10^{-2}$ m

Das Druckverhältnis für den angepaßten Zustand beträgt

$$\frac{p_o}{p_A} = 4{,}7613$$

Da die Düsengeometrie, wie aus obigen Gleichungen ersichtlich, wesentlich von

- der Temperatur vor der Düse und
- dem sekündlichen Massenstrom

abhängt, werden die geometrischen Daten der (nach genannten Auslegungsdaten zu berechnenden) Düse durch Bezug auf den Austrittsradius dimensionslos und unabhängig von T_o und $\dot{m}$ gemacht, um nicht für jede Temperatur- und Massenstrom-Kombination eine gesonderte Düse zeichnen zu müssen.

$$y_A \sim A^* \sim \dot{m} . \sqrt{T_o}$$

wenn $p_A = M_A = p_o =$ <u>konst</u>

Der Einfluß des Isentropenexponenten auf die Gestalt der Düsengeometrie ist nicht gravierend und wird vorerst vernachlässigt.

3.3.1.2 Strömungsdaten im transsonischen Gebiet

Die Kontur der Düse wird durch Wahl einer Stromlinie festgelegt. Durch die Kenntnis der Konturstromlinie sind
- der Krümmungsradius der Kontur und
- die Stromliniendichte

im engsten Querschnitt festgelegt.

Der Krümmungsradius soll möglichst klein sein, um eine geringe Düsenlänge verwirklichen zu können. Die in [15] tabellierten Stromlinien schränken den frei wählbaren Bereich für den Wert des Krümmungsradius' ein auf

$$\infty > \frac{r_s}{y} \geq 14$$

Es wurde die Stromlinie mit dem geringsten Krümmungsradius gewählt:

$$\psi_{STRL} = \sqrt{\frac{2\psi}{\rho^* a^* l^2}} \; ; \; \psi_{STRL} = 0{,}23996$$

In [15] sind sämtliche aufgeführten Daten (für kritische Kurve, Scheitellinie und Anfangschrakteristik) auf den vorgenannten freien Längenparameter l normiert. Dieser freie Parameter l kann durch Ansetzen der Kontinuitätsgleichung und mit Hilfe der Definition für die Stromfunktion im rotationssymmetrischen Fall nach umfangreichen Umformungen erhalten werden zu:

$$l = y_A \cdot \frac{\sqrt{\Theta_A}}{\left(\frac{2\psi}{\rho^* \cdot a^* l^2}\right)^{1/2}}$$

$$\text{bzw. } \frac{1}{y_A} = \sqrt{\frac{\theta_A}{\frac{2\psi}{\rho^* a^* l^2}}}$$

mit θ_A = Massenstromdichte am Düsenaustritt

Durch Multiplikation der in [15] tabellierten Werte mit dem obigen Faktor $1/y_A$ erhält man die dimensionslosen Geometrieparameter für die kritische Kurve, Scheitellinie und Anfangscharakteristik.

Für die M_A = 1,7-Parallelstrahldüse ergibt sich aus

$$\left.\begin{aligned} \theta_A &= \frac{\rho_A}{\rho^*} \cdot M_A^* = 0{,}7304651 \\ \text{und } \Psi_{STRL} &= 0{,}23996 \end{aligned}\right\} \frac{1}{y_A} = 3{,}561729$$

Für die Konstruktion der kritischen Kurve und der Scheitellinie werden der Tabelle 10b [15] 49 Punkte entnommen.

3.3.1.3 Anfangscharakteristik

Die Daten der Anfangscharakteristik (13 repräsentative Punkte) werden der Tabelle 8b in [15] entnommen und entsprechend umgerechnet. Tabelle 1 gibt einen Überblick über die interessierenden Größen der Anfangscharakteristik.

Punkt	x/y_A	y/y_A	M	θ	Ψ_{STRL}
1	.26712	.00000	1.08776	.00000	.00000
2	.23746	.07123	1.07817	.00152	.01994
3	.20942	.14246	1.06973	.00270	.03991
4	.18285	.21370	1.06240	.00359	.05990
5	.15767	.28493	1.05611	.00424	.07990
6	.13374	.35617	1.05079	.00467	.09990
7	.11091	.42740	1.04641	.00493	.11991
8	.08900	.49864	1.04289	.00503	.13992
9	.06788	.56987	1.04018	.00501	.15993
10	.04737	.64111	1.03825	.00488	.17994
11	.02731	.71234	1.03703	.00465	.19994
12	.00747	.78358	1.03648	.00435	.21995
13	-.01225	.85481	1.03655	.00397	.23995

Tabelle 1: Anfangscharakteristik einer rotationssymmetrischen Düse für k = 1.3 und M_A = 1.7

Es bedeuten:

x/y_A = Abszisse des Punktes

y/y_A = Ordinate des Punktes

M = lokale Machzahl

Θ = Strömungswinkel

ψ_{STRL} = Wert der Stromfunktion

Die Kontur in der Umgebung des Halsquerschnitts der Düse wurde von der Anfangscharakteristik aus stromaufwärts entsprechend [16] durch eine Parabel angenähert:

$$\frac{y}{y_A} = y_k = \sqrt{\left(\frac{y_{sw}}{y_A}\right)^2 + 0{,}2\left(\frac{x}{y_A} - \frac{x_{sw}}{y_A}\right)^2}$$

mit x_{sw} = Abszisse des Konturpunktes der Scheitellinie

3.3.1.4 Berechnung der Düsenlänge

Die Düsenlänge L einer Parallelstrahldüse ist nicht beliebig wählbar.

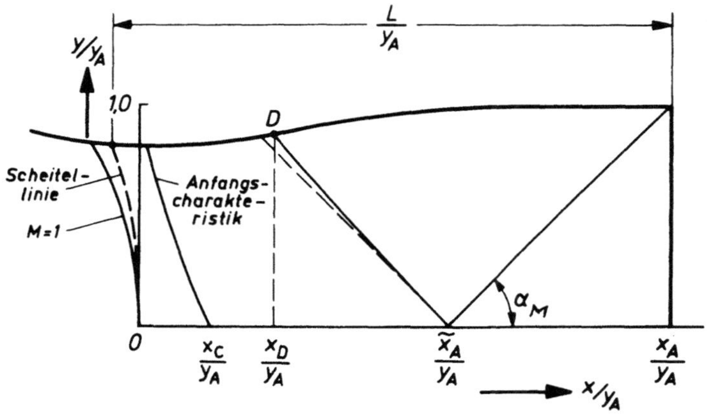

Einzig die Strecke x_D/y_A läßt sich durch entsprechende Vorgabe der Machzahlverteilung auf der Düsenachse gering halten (i.a. wird die Machzahlverteilung nach einem Polynom 3. Grades vorgenommen). Hierbei ist zu beachten, daß der Anschluß an die transsonische Anfangsbedingung bei x_c einerseits, und an die in dem Punkt auf der Düsenachse bei $\tilde{x}_A$ erreichte kritische Austrittsmachzahl M_A^* andererseits mit stetiger Tangente erfolgt. Nur wenn die Verteilungsfunktion an der Stelle $\tilde{x}_A$ die Steigung Null aufweist, erfolgt achsparallele Abströmung.

Für die zu berechnende Düse der Austrittsmachzahl $M_A = 1,7$ und $k = 1,3$ ist die Baulänge eingeschränkt auf

$$4,09 \leq L/y_A \leq 6,48$$

Das für die weitere Rechnung zugrunde gelegte Verhältnis L/y_A beträgt

$$\frac{L}{y_A} = 4,5933.$$

Mit dem bereits bekannten Austrittsradius y_A beträgt die wahre Düsenlänge bei einem Massenstrom $\dot{m} = 1$ kg/sec:

$$L = 0,1301 \text{ m}$$

Die Abszisse des Düsenendquerschnitts ergibt sich zu

$$x_A/y_A = 4,5335$$

Der Punkt auf der Düsenachse, in dem die Austrittsmachzahl zuerst erreicht wird, liegt bei

$$\tilde{x}_A/y_A = 3,1587$$

3.3.1.5 Machzahlverteilung auf der Düsenachse

Als Verteilungsfunktion der kritischen Machzahlverteilung längs der Düsenachse wird ein Polynom 3. Grades gewählt:

$$M^* (x/y_A,0) = a_o+a_1 .x+a_2x^2+a_3x^3$$

Nach Auflösung des linearen Gleichungssystem ergeben sich die gesuchten Koeffizienten für $M_A = 1{,}7$ zu

$$a_o = 0{,}99767$$
$$a_1 = 0{,}29796$$
$$a_2 = -0{,}03081$$
$$a_3 = -0{,}00345$$

3.3.1.6 Das Charakteristikennetz

Die zur Rechnung benötigten charakteristischen Gleichungen wurden bereits unter 3.2.1 hergeleitet.

Da die Düsenachse identisch mit der Stromlinie $\psi_{STRL} = 0$ ist, kann durch sie definitionsgemäß keine Masse hindurchtreten. Sie kann somit als feste Wand aufgefaßt werden und die Berechnung der Düsenströmung beschränkt sich auf nur eine Düsenhälfte.

Um ein möglichst gleichmäßiges Charakteristikennetz zu erhalten, wird der nächste Charakteristikenpunkt auf der Düsenachse so bestimmt, daß der erste in der Strömung liegende Punkt längs der gesamten Düsenachse gleichen Abstand wie der zweite bekannte Anfangscharakteristikenpunkt aufweist. Beim rotationssymmetrischen Charakteristikenverfahren sind 3 grundsätzliche Schritte zu unterscheiden:

- Berechnung des achsnächsten Charakteristikenpunktes,
- Bestimmung eines Charakteristikenpunktes in der freien Strömung und
- Ermittlung des Konturpunktes (durch Massenintegration längs charakteristischer Kurven).

Die Verfahrensweise soll hier nicht im einzelnen beschrieben werden.

3.3.1.7 Linien konstanter Machzahl in der Düsenströmung

Längs einer Charakteristik ist mit Berechnung der Charakteristikenpunkte auch die Machzahlverteilung bekannt. Wie bei der Konturpunktbestimmung wird die Machzahländerung von Punkt zu Punkt einer rechtslaufenden Charakteristik linearisiert und (nach dem Strahlensatz) die gewünschte Machzahl bestimmt. Im Rechenprogramm geschieht dies folgendermaßen:
Die rechtslaufende Charakteristik wird vollständig punktweise berechnet und abgespeichert. In einer Rechenschleife wird nun eine bestimmte Machzahl, deren Verlauf gesucht ist, vorgegeben und die Charakteristikenpunkte solange der Reihe nach abgerufen, bis die errechnete Machzahl in einem Punkt gerade die vorgegebene unterschreitet.

Die Linien konstanter Machzahl wurden für die Parallelstrahldüse der Austrittsmachzahl $M_A = 1{,}7$ berechnet und in Bild 26a eingetragen (Intervallteilung $\Delta M = 0{,}05$). Da zu Beginn des Überschalldiffusors der Düse die Beschleunigung der Strömung längs der Außenkontur größer ist als auf der Achse, haben die M = konst-Linien eine parabelförmige Gestalt. Ab M = 1,5 ist die Beschleunigung auf der Düsenachse größer als an der Kontur.

Bei etwa 55 % der Düsenlänge ($x/a_A = 2{,}5$) ist die Expansion auf die gewünschte Austrittsmachzahl ($M_A = 1{,}7$) auf der Achse zu 96,5 % und längs der Kontur zu 94,5 % abgeschlossen. Würde man die Düse z.B. aus Gewichtsgründen bereits hier enden lassen, dann wäre wegen des zwar kleinen Divergenzwinkels ($\lambda = 1{,}05^\circ$) eine Schubeinbuße zu erwarten. Die nachteilig große Baulänge einer Parallelstrahldüse wird besonders an der zweiten Hälfte des Überschalldiffusors deutlich. Ungefähr 22 % der gesamten Düsenlänge sind nötig, um die Strömung längs der Wandkontur von M = 1,68 auf M = 1,7 zu beschleunigen.

Schubverlauf

Der Schub der Düse in einem beliebigen Querschnitt setzt sich aus einem Impuls- und einem Druckanteil zusammen:

$$F = F_I + F_p$$

mit

F = lokaler Schub in einem Düsenquerschnitt
F_I = lokaler Impulsanteil
F_p = lokaler Druckanteil

Ist die Zuströmgeschwindigkeit zur Düse vernachlässigbar (c_o = 0), so ist der differentielle Impulsschub:

$$dF_I = c . d\dot{m} = 2\pi \; \rho \; c^2 \; y \; dy$$

mit

c = lokale Geschwindigkeit
$d\dot{m}$ = diffenrentieller sekündlicher Massenstrom

Der Übergang auf endliche Differenzen ergibt den Schubzuwachs zwischen zwei Punkten des Querschnitts.

$$\Delta F_i = 2\pi \; \rho_m . c_m^{\;2} \; y_m . \Delta y$$

Die Summation über alle Punkte i eines Querschnitts liefert den vollständigen Impulsschub:

$$F_I = \sum_i \Delta F_i$$

Durch Bezug auf den Schub der angepaßten Düse F_A erhält man die folgende Formulierung:

$$\frac{F_I}{F_{AP}} = \sum_i \left\{ \left[\frac{1+\frac{k-1}{2} M_A^2}{1+\frac{k-1}{2} M_m^{\;2}} \right]^{\frac{k}{k-1}} . \left(\frac{M_m}{M_A}\right)^2 . \frac{2.y_m}{y_A} . \frac{\Delta y}{y_A} \right\}_i$$

Der Druckanteil des Schubes bestimmt sich aus der Beziehung

$$dF_p = (p-p_A)\ dA$$

mit p = lokaler statischer Druck

p_A = Umgebungsdruck

Durch Überführen in die Differenzenform erhält man den Gesamtdruckanteil des Schubes in einem Querschnitt in dimensionsloser Form zu:

$$\frac{F_p}{F_{AP}} = \sum_i \frac{(\Delta F_p)i}{F_{AP}} = \sum_i \left\{ \frac{(p_m-p_A)\cdot A}{F_{AP}} \right\}_i$$

bzw.

$$\frac{F_p}{F_{AP}} = \sum_i \left\{ \left[\left(\frac{1+\frac{k-1}{2}M_A^2}{1+\frac{k-1}{2}M_m^2} \right)^{\frac{k}{k-1}} - 1 \right] \cdot \frac{1}{k.M_A^2} \cdot \frac{2y_m}{y_A} \cdot \frac{\Delta y}{y_A} \right\}_i$$

Die mittlere Machzahl M_m berücksichtigt die Divergenz der Stromlinien durch

$$M_m = \frac{M_{xi}+M_{xi+1}}{2} \quad \text{wobei } M_{xi} = M_i.\cos\theta_{i+1}$$

$$M_{xi+1} = M_{i+1}.\cos\theta_i$$

Die Rechnung ergibt, daß bereits bei 80 % der Düsenlänge ein fast homogenes Geschwindigkeitsprofil vorliegt und der Schub bis auf einige Promille den der angepaßten idealen Düse erreicht hat.

Berücksichtigt man Grenzschicht und Wärmeübergangseinflüsse, so wird die Schubeinbuße etwa 5 % betragen, wenn die Parallelstrahldüse dort abgeschnitten wird, wo die Austrittsmachzahl auf der Düsenachse erreicht ist.

3.3.1.8 Machzahlverlauf

Für die betrachtete Düse (M_A = 1,7; k = 1,3) ist die Machzahlverteilung an der Kontur in Bild 26(b) dargestellt. Die Beschleunigung der Strömung ist im ersten Teil des Überschalldiffusors sehr hoch, flacht jedoch ab 60 % der Düsenlänge ab. Den Machzahlverlauf längs der Düsenachse zeigt Bild 26 (d).

Druck- und Temperaturverlauf längs der Kontur

Für eine nachfolgende Grenzschichtrechnung kann nun - da in jedem Wandkonturpunkt die Machzahl bekannt ist - der Verlauf des Druckes und der Temperatur angegeben werden, die in Bild 27 dargestellt sind.

3.3.2 Zusammenstellung der wichtigsten Daten der Parallelstrahldüse für M_A = 1,7

thermodynamische Daten:

Umgebungsdruck
Druckverhältnis
Verbrennungsendtemperatur
Gaskonstante
Isentropenexponent
Massenstrom

geometrische Daten:

engster Querschnitt
Radius des engsten Querschnitts
Endquerschnitt
Radius des Endquerschnitts
Düsenlänge
Öffnungsverhältnis
Krümmungsradius der Kontur im Halsquerschnitt

Konturstromlinie
Massenstromdichte am Düsenaustritt

3.3.3 Verschiedene Parallelstrahldüsen

Bild 28 zeigt eine "dimensionslose" Parallelstrahldüse der Austrittsmachzahl $M_A = 3$ ($k = 1,3$); Machzahlverlauf längs Wandkontur und Düsenachse sind ebenfalls aufgetragen.

Die nächste Darstellung Bild 29, zeigt eine Parallelstrahldüse (dimensionslos) für $M_A = 1,7$ und Luft ($k = 1,4$) von $T_o = 300$ K. Sie verdeutlicht den Einfluß des Isentropenexponenten k (vgl. Kap. 3.3):

Die Düse für Luft ist kürzer, entsprechend größer ist die Beschleunigung der Strömung längs Wand und Achse.

Es soll nicht unerwähnt bleiben, daß die dimensionslose Darstellung der Düsen den Einfluß des Massenstromes und der Temperatur des Fluids auf die Düsengeometrie eliminierte und damit zu einer falschen Vorstellung über die wahre Größe der entsprechenden Düsen führen kann.

3.4 Nichtanpassung der Düse

Bisher wurde ausschließlich die angepaßte Düse behandelt. Man unterscheidet jedoch zwei weitere, wesentliche Betriebszustände der Düse;

- die Unterexpansion und
- die Überexpansion.

Diese Zustände treten auf, sobald bei fest vorgegebener Düsengeometrie eine Veränderung des Düsendruckverhältnisses auftritt. Da ein Abweichen vom Auslegungsdruckverhältnis direkt eine Schubeinbuße zur Folge hat, sollte sowohl die Strömungsablösung in der Düse (Überexpansion) wie auch die Nachexpansion hinter der Düse (Unterexpansion) vermieden werden. Da konstruktive Möglichkeiten weitgehend ausscheiden (insbesondere bei Raketenschubdüsen), bleibt als denkbare Möglichkeit eine gasdynamische Anpassung.

Bevor jedoch die Möglichkeit der Sekundärluftbeimischung erörtert wird, soll am Beispiel der zweidimensionalen Strömung die Berechnung des Expansionsfächers einer unterexpandierten Düsenströmung vorgestellt werden.

3.4.1 Berechnung des Expansionsfächers nach der zweidimensionalen, linearen Theorie

Am Düsenaustritt entsteht ein Expansionsfächer, in dem die Strömung umgelenkt wird und solange expandiert, bis längs einer Stromlinie Druckgleichgewicht zwischen Umgebungsdruck und statischem Druck im Gasstrahl besteht. Düsenkontur und Freistrahlgrenze bilden eine Stromlinie, wobei die Konturkante Ausgangspunkt einer Prandtl-Meyer-Eckumströmung ist. Der maximal mögliche Winkel der Prandtl-Meyer-Strömung ist einzig eine Funktion des Isentropenexponenten und beträgt k = 1,4

$$\Theta_{um} = 130{,}5^{\circ}$$

3.4.1.1 Charakteristikenverfahren der 2-dimensionalen Überschallströmung nach der linearen Theorie

Wie beim rotationssymmetrischen Fall ist es nicht möglich, eine geschlossene Lösung für die Bewegungsgleichung anzugeben. Teilt man jedoch die Überschallströmung in mehrere Felder ein, in denen alle Strömungsgrößen (Druck, Geschwindigkeit nach Betrag und Richtung) konstant sind, dann erhält man schrittweise eine Lösung des Problems. Änderungen in den Strömungsgrößen treten dann auf, wenn z.B. eine linkslaufende eine rechtslaufende Charakteristik schneidet. Feldbegrenzungen sind also entweder durch Mach'sche Linien oder physikalische Randbedingungen

(Linien gleichen Druckes = Freistrahlgrenzen) gegeben.

3.4.1.1.1 Ableitung der Charakteristikengleichungen

Eine Umlenkung der Strömung bewirkt infinitesimale Änderungen aller die Strömung beschreibenden Größen. Die Änderung des Geschwindigkeitsvektors geschieht senkrecht zur Richtung der Wellenstörung. Über geometrische Beziehungen und die Isentropenbeziehung erhält man die Gleichung für den Strömungswinkel:

$$\Theta = -\sqrt{\frac{k+1}{k-1}}\ \text{arc tan}\sqrt{\frac{M^{*2}-1}{\frac{k+1}{k-1}-M^{*2}}} + \text{arc tan}\sqrt{\frac{M^{*2}-1}{1-\frac{k-1}{k+1}M^{*2}}} + \text{konst}$$

Nach Einführung der Funktion $\omega_o\ (M^*)$ erhält man für die linkslaufende Charakteristik (Typ II).

$$\Theta_I + \omega(M^*)_I = \text{konst}$$

und für die rechtslaufende Charakteristik (Typ I)

$$\Theta_{II} - \omega(M^*)_{II} = \text{konst}$$

wobei

$$\omega(M^*) = \sqrt{\frac{k+1}{k-1}}\ \text{arc tan}\sqrt{\frac{M^{*2}-1}{\frac{k+1}{k-1}-M^{*2}}} - \text{arc tan}\sqrt{\frac{M^{*2}-1}{1-\frac{k-1}{k+1}M^{*2}}} \quad \text{ist.}$$

Der Index (I) in der Gleichung für die linkslaufende Charakteristik (Typ II) bedeutet, daß der betrachtete Strömungsvorgang in einem derartigen Gebiet stattfindet, in dem Druckwellen - hervorgerufen durch Charakteristiken des Typs I - nicht vorhanden sind, und die Strömungsgrößen erst dann ihren Wert ändern, wenn die Stromlinien Charakteristiken vom Typ II schneiden.

Die Integrationskonstante der beiden letztgenannten Gleichungen wird nach [16] eingeführt zu:

konst = 2 . I - 1000 (linkslaufende Charakteristik, Typ II)
konst = 2 .II - 1000 (rechtslaufende " " , Typ I).

In der Hodographenebene legen diese Faktoren I bzw. II charakteristische Kurven fest. Für einen gegebenen Punkt gilt in dieser Ebene:

$$1000 + \omega + \Theta = 2\ I$$
$$1000 - \omega - \Theta = 2\ II$$

Wenn also die Strömungswinkel Θ und die Funktion ω - d.h. die Machzahl M bzw. M^* - bekannt sind, dann lassen sich jene Epizykloiden in der Hodographenebene bestimmen, die die Charakteristiken darstellen. Addiert bzw. subtrahiert man die obigen Beziehungen, so erhält man

$$\Theta = I + II - 1000$$
$$\omega = I - II$$

In dieser Form lassen sich mit Hilfe der Epizykloidenwerte I und II die Funktionen ω (und damit die Machzahl) und der Strömungswinkel Θ berechnen.

Ermittlung der Funktion $\omega(M^*)$ und der Machzahl M im expandierten Freistrahl

Bild 30 zeigt ein Nomogramm, aus dem sich die Zusammenhänge zwischen Totaldruckverhältnis, Machzahl, kritischer Machzahl und der Funktion ω entnehmen lassen.
Das Nomogramm ist besonders vorteilhaft zur Bestimmung der lokalen Machzahl aus vorgegebenem Funktionswert $\omega(M^*)$. Da die Gleichung in ω und M^* (bzw. M) numerisch nicht nach M^* (bzw. M) aufzulösen ist, müßte die gesuchte Machzahl andernfalls durch eine aufwendige Iteration bestimmt werden.

3.4.1.1.2 Nachexpansionsfächer einer Parallelstrahldüse (M_A = 1,7 bei p_t/p_a = 8)

Die Berechnung eines zweidimensionalen Expansionsfächers soll am Beispiel folgender Düse kurz erläutert werden.

$$M_A = 1{,}7$$
$$p_t/p_a = 8$$
$$k = 1{,}3$$
$$c_p = \text{konst}$$

Die verwendeten Bezeichnungen sind aus Bild 31 zu entnehmen:

Bereich ①: achsparallele Strömung mit vorgegebener Austrittsmachzahl (M_1 = 1,7; Θ_1 = 0°)
mit M_1 Berechnung der Funktion ω_1 (M_1^*) : ω_1 = 19,14°
Aus

$$I_1 = \frac{\omega_1 + \Theta_1 + 1000}{2} \qquad \text{und } II_2 = \frac{\Theta_1 - \omega_1 + 1000}{2}$$

ergeben sich die Charakteristikenwerte zu

$$I_1 = 509{,}6^\circ \qquad II_2 = 490{,}4^\circ$$

Der Mach'sche Winkel im Bereich 1 ergibt sich aus

$$\sin\alpha_1 = \frac{1}{M_1} \text{ zu } \qquad \alpha_1 = 36{,}03^\circ$$

Bereich ③: Linkslaufende Charakteristiken der Bereiche 1 und 3 haben ihren gemeinsamen Ursprung in dem singulären Düsenendpunkt. Es gilt also:

$$II_1 = II_3 = 490{,}4^\circ$$

Da im Bereich 3 die Expansion des Gasstrahls bis auf Umgebungsdruck abgeschlossen ist, ergibt sich, da $\frac{p_3}{p_t} = f\ (k,\ M_3)$:

$M_3 = 2{,}026$ und $\alpha_3 = 29{,}57^\circ$

$\omega_3\ (M_3^*) = 29{,}49^\circ$

Aus $\Theta_3 = 2II_3 + \omega_3 - 1000$

erhält man den Strömungswinkel

$\Theta_3 = 10{,}35^\circ$

Die Stromlinien bilden also im Bereich 3 einen Winkel von $10{,}35^\circ$ mit der Düsenachse. Die Freistrahlgrenze als Linie gleichen Druckes in der Umgebung und im austretenden Gasstrahl liegt somit fest.

Der Wert der rechtslaufenden Charakteristik beträgt im Bereich 3:

$I_3 = II_3 + \omega_3 = 519{,}89^\circ$

Bereich (2): Die Strömung soll im Bereich 2 laut Voraussetzung um den halben Winkel Θ_3 umgelenkt werden ($\Theta_2 = \Theta_3/2$). Linkslaufende Charakteristiken sind Bereich 1 und 2 gemeinsam:

$II_1 = II_2 = 490{,}4^\circ$

Ferner erhält man nacheinander

$$\omega_2 = 24{,}32^\circ$$
$$M_2 = 1{,}861$$
$$\alpha_2 = 32{,}5^\circ$$
$$I_2 = 514{,}72^\circ$$

Die Hauptmachlinie "a" zwischen den Bereichen 1 und 2 ist eine rechtslaufende Charakteristik, die mit der Horizontalen den Winkel $(\theta-\alpha)_a$ einschließt. Diesen Winkel erhält man als Mittelwert aus

$$(\theta-\alpha)_a = \frac{(\theta-\alpha)_1+(\theta-\alpha)_2}{2} = -31{,}67^\circ$$

Aus einer analogen Überlegung gewinnt man die Hauptmachlinie "b" zwischen den Bereichen 2 und 3:

$$(\theta-\alpha)_b = \frac{(\theta-\alpha)_2+(\theta-\alpha)_3}{2} = -23{,}27^\circ$$

Die Freistrahlgrenze verläuft unter dem Winkel

$$\theta_{Freistrahl} = \theta_3 = 10{,}35^\circ$$

Die Mach'sche Welle "a" verläuft bis zur Düsenachse und wird dort als Welle "c" reflektiert. Welle "c" ist eine Hauptmachlinie zwischen den Bereichen 2 und 4.

Es gilt:

$$\theta_4 = 0^\circ$$
$$I_2 = I_4 = 514{,}72^\circ$$
$$\omega_4 = 29{,}49$$
$$M_4 = 2{,}026$$
$$\alpha_4 = 29{,}57^\circ$$
$$II_4 = 485{,}23^\circ$$

Der Winkel zwischen Welle "c" und der Düsenachse lautet:

$$(\theta+\alpha)_c = \frac{(\theta+\alpha)_2+(\theta+\alpha)_4}{2} = 33{,}62^\circ$$

Die Strömungsgrößen längs der Wellen "b" (rechtslaufende Charakteristik) und "c" (linkslaufende Charakteristik) bleiben solange unverändert, bis sich beide Wellen schneiden. Welle "b" erfährt ihre Fortsetzung in der Welle "d", "c" in der Welle "e". Die Berechnung dieser und aller weiteren Wellenzüge erfolgt nach ähnlichen Überlegungen wie vorausgegangen.

Die Wellen a, b, c, d, e, f und h sind Expansionslinien. Da die Welle "e" die Strömung unter den Umgebungsdruck verdichtet, muß die Welle "g" die Strömung wieder so verdichten, daß im Bereich 7 die Randbedingung des Druckgleichgewichtes wieder erfüllt ist.

Die größte Druckabsenkung mit der höchsten im Expansionsfächer vorkommenden Machzahl liegt im Bereich 6:

$$M_{max} = M_6 = 2{,}377$$

Die stromab gelegenen Bereiche 8, 9, 10, 11 und 12 mit den zugehörigen Charakteristiken p, g, r, s, t und u sind Kompressionsgebiete bzw. -wellen.

Die Bereiche 1 bis 12 stellen insgesamt einen Expansions-Rekompressionszyklus dar, der sich theoretisch immer wiederholt. Wegen Reibungs- und Mischungsvorgänge bricht er jedoch in der Praxis nach $1^1/2$ bis 2 Zyklen zusammen.

Bild 31 läßt den starken Einfluß des veränderten Druckverhältnisses (p_t/p_a = 8 bzw. 16) bei konstanter Austrittsmachzahl M_A = 1,7 erkennen. Fallender Gegendruck läßt die Nichtanpassungsverluste stark ansteigen.

3.4.1.1.3 Der Freistrahlexpansionswinkel

Als Linie gleichen Druckes zwischen Umgebung und austretendem Gasstrahl schließt die Freistrahlgrenze mit der Horizontalen den Winkel $\Theta_{Freistrahl}$ ein. Im angepaßten Zustand einer Parallelstrahldüse ist er Null. Bei Erhöhung des Düsendruckverhältnisses $\frac{p_t}{p_a} = \frac{p_o}{p_a}$ wächst der Expansionswinkel $\Theta_{Freistrahl}$ zunächst sehr schnell an. Bei einem Druckverhältnis p_t/p_a = 8 ($\hat{=}$ 3fachem Auslegungsdruckverhältnis) verläuft die Freistrahlgrenze einer unterexpandierenden Düse (Auslegungsmachzahl M_A = 1,3) unter dem Winkel $\Theta_{Freistrahl} = 23^\circ$. Zur Verdopplung dieses

Winkels benötigte man schon ein Druckverhältnis von $p_t/p_a \approx 30$. Je höher also das Druckverhältnis das der Auslegung übertrifft, desto geringer wird der Zuwachs des Expansionswinkels.

Für die Expansion ins Vakuum ($p_t/p_a \to \infty$) würde für den Expansionswinkel, der nur eine Funktion des Isentropenexponenten ist, ein endlicher Wert erreicht. Diese maximale Umlenkung besitzt jedoch nur theoretische Bedeutung, da wesentliche Voraussetzungen (ideales Gas, c_p = konst) nicht gegeben sind.

Bild 32 zeigt den Verlauf des Freistrahl-Expansionswinkels mit dem Druckverhältnis. Als Parameter sind die Auslegungsmachzahlen M_A = 1,3; 1,5 und 1,7 eingetragen.
Die gleichen Einflußgrößen auf die Lage der Freistrahlgrenze sind in Bild 33 in halblogarithmischer Weise aufgetragen, hier für sehr hohe Druckverhältnisse.

Bild 34 schließlich stellt den Einfluß des Isentropenexponenten k auf die Freistrahlgrenze dar. Bei konstanter Auslegungsmachzahl vergrößert sich $\Theta_{Freistrahl}$ mit abnehmendem Isentropenexponenten.

3.4.1.1.4 Max. Machzahlen im Freistrahl einer unterexpandierenden Düse

Wie schon anhand von Bild 31 erläutert, erfährt der die Düse verlassende Gasstrahl in den verschiedenen nach der linearen Theorie zu unterscheidenden Bereichen unterschiedlich starke Beschleunigung. Die größte Druckabsenkung und damit Beschleunigung trat im Bereich 6 auf. In Bild 35 ist für Druckverhältnisse bis p_t/p_a = 20 die maximal im Freistrahl auftretende Machzahl in Abhängigkeit von der Auslegungsaustrittsmachzahl M_A aufgetragen. Es zeigt sich, daß z.B. bei einem Druckverhältnis p_t/p_a = 15 im Strahl einer nachexpandierenden Düse der Auslegungsmachzahl M_A = 1,3 die maximale auftretende Machzahl

$M_{Fr\ max}$ = 3,9 beträgt, also dreimal so groß wie die Austrittsmachzahl ist. Hierzu mußte jedoch das Druckverhältnis p_t/p_a um ungefähr das 5,8-fache des Wertes für Anpassung erhöht werden bzw. der Gegendruck von $(p_a)_{Anpassung}$ = 1,033 bar auf p_a = 0,173 bar abgesenkt werden (p_t = konst).

3.5 Zweikreisdüse

Eine Düse fester Geometrie läßt sich nur für ein bestimmtes Druckverhältnis auslegen. Bei Abweichung von diesem Auslegungsbetriebszustand treten schubmindernde Nichtanpassungsverluste auf, deren Beseitigung oder Verringerung anzustreben ist.

Bild 36 gibt einen anschaulichen Überblick über die Schubverluste, wie sie z.B. bei Abweichung von der Auslegungsflughöhe ($F = F_{max}$) auftreten. Für ein beliebiges Beispiel ($A_A/A^* = 5$; $k = 1,2$) ist der auf den Anpassungschub bezogene Schub für die Über- und Unterexpansion einer Lavaldüse über dem Druckverhältnis dargestellt. Dabei betragen die Schubverluste bei Expansion ins Vakuum ($p_a/p_A = 0$) etwa 9%, während die Schubverluste einer überexpandierenden Düse (falls keine Ablösung innerhalb der Düse aufträte) katastrophale Maße annehmen würden. Infolge Ablösung bei Überexpansion sinkt die Schubkurve zwar noch, behält jedoch einen Wert, welcher in vergleichbarer Größenordnung mit dem Vakuum-Schub liegt.

Die in jeder Flughöhe durch Anpassung an den jeweiligen Umgebungsdruck schuboptimal arbeitende Düse ware eine Düse variabler Geometrie: Austrittsquerschnitt, Düsenlänge und Konturverlauf müßten beliebig veränderlich sein. Die Forderungen sind konstruktiv nicht verwirklichbar, sodaß nach anderen Möglichkeiten der Düsenanpassung gesucht werden muß.

3.5.1 Unterexpandierende Primärdüse

Die beträchtliche kinetische Energie, die im nicht vollständig expandierten Strahl einer unterexpandierenden Düsenströmung enthalten ist, kommt der Vortriebserzeugung nicht zugute. Wird jedoch eine zweite Düse konzentrisch zur ersten angeordnet - vergl. Bild 37 - dann können Impulskräfte auf den divergenten Teil der Sekundärkontur ausgeübt werden. Der Halsquerschnitt der zweiten Düse liegt dabei stromabwärts der Austrittsebene der Primärdüse.

3.5.2 Beeinflussung der Nachexpansion

Bei vorgegebener Geometrie der Sekundärdüse haben die freien Parameter des Zweitkreises, Massenstrom $\dot{m}_2$, Totaldruck p_{o2} und Strömungsgeschwindigkeit c_2 entscheidenden Einfluß auf die Expansion des nunmehr ummantelten Primärstrahles.

Beschränkt man die Anströmgeschwindigkeit des Sekundärkreises auf den Unterschall, so lassen sich bezüglich des Einflusses des Sekundär-Massenstromes $\dot{m}_2$ zwei Strömungsformen unterscheiden.

- geringer Sekundär-Massenstrom
- hoher Sekundär-Massenstrom

3.5.2.1 Geringer Sekundär-Massenstrom

Im Verhältnis zum Pirmärkreis besitzt der Sekundärstrom geringen Massenstrom und gereingere Strömungsgeschwindigkeit. Bild 38 vermittelt einen Überblick über die Strömungsvorgänge im Innern der Zweikreisdüse. Da im vorliegenden Fall die Zähigkeitskräfte nicht zu vernachlässigen sind, bildet sich zwischen Erst- und Zweitkreis ein Mischungsgebiet aus. Der mit uniformer Überschallmachzahl austretende Primärstrahl expandiert und erfährt an der Sekundärkontur eine Rekompression. Da wegen des Zähigkeitseinflusses zwischen Erst- und Zweitkreis ein abfallendes Geschwindigkeitsprofil vorliegt, gibt es eine bestimmte Stromlinie, deren Teilchen gerade einen solchen Energiezustand besitzen, daß sie trotz Zähigkeit und Druckgradient (infolge der Verdichtungswellen) die Zweitkreiskontur erreichen. Diese Stromlinie wird als Grenzstromlinie (g) bezeichnet.

Näher eingegangen wird hier auf den Massenaustausch, der anhand Bild 39 verdeutlicht werden soll:

Die Stromlinie (g), welche die Sekundärkontur in R trifft (Staupunktstromlinie), läßt sich aus der Dichteänderung, der Geschwindigkeitsverteilung u/u_1 und der Machzahl M_1 nach der Expansion ermitteln [17].

Verläuft die Stromlinie (g) oberhalb der Stromlinie (s), so wird - vgl. Abb. 39, oben - dem Totwassergebiet (also dem zweiten Kreis) ständig Masse zugeführt. Da aber bei stationärer Strömung Massenkonstanz vorausgesetzt wird, bedeutet das eine kontinuierliche Massenabfuhr in den Zweitkreis.

Verläuft jedoch die Grenzstromlinie (g) unterhalb von (s) - vgl. Abb. 39, unten -, sodaß in diesem Fall dem Totwassergebiet (d.h. dem Zweitkreis) ständig Masse entzogen wird, dann muß kontinuierlich Masse aus dem Sekundärkreis zugeführt werden, um eine stationäre Strömung aufrecht zu erhalten. Bei Vorliegen dieses Betriebszustandes wirkt der Primärkreis wie ein Ejektor.

3.5.2.2 Hoher Sekundär-Massenstrom

Die im vorhergehenden Abschnitt betrachteten Zähigkeitskräfte verlieren in erster Näherung ihren Einfluß auf die Strömungsausbildung, wenn der Zweitkreismassenstrom $\dot{m}_2$ und seine Geschwindigkeit c_2 relativ groß sind. (Bild 40, [17])

Die ausgebildete Strömung hat folgendes Aussehen: Bild 41. Die Anströmgeschwindigkeit aus dem Zweitkreis liegt im Unterschall. Wegen der Geometrie der Sekundärdüse und der Ausbildung der Mischzone in Strömungsrichtung erfährt der Sekundärstrom jedoch eine Beschleunigung, die bis zum Überschall führt, falls sich im Zweitkreis ein engster Querschnitt A_2^* mit anschließender Erweiterung ausbildet (vgl. Bild 41).

Da in erster Näherung das Mischungsgebiet vernachlässigbar ist, wird die schmale Mischzone durch eine Stromlinie ersetzt, längs der Druckgleichgewicht zwischen Primär- und Sekundärstrahl besteht. Sind Ruhedruck p_{o2} und Massenstrom $\dot{m}_2$ der Sekundärdüse bekannt, so läßt sich die Primärströmung hinter der Austrittsebene nach dem Charakteristikenverfahren bis zur Grenzstromlinie zwischen erstem und zweitem Kreis berechnen. Da die Zuströmung zur Zweitkreisdüse mit Unterschall erfolgt, kann zumindest das Eintrittsgebiet des Sekundärkreises ohne große Fehler eindimensional berechnet werden. Bild 42 zeigt schematisch die Rechenschritte: Aus der geometrisch bekannten Fläche läßt sich mit Hilfe von $\dot{m}_2$ und p_{o2} der statische Druck im Punkt T bestimmen, der den Startwert für die Expansion darstellt. Nach dem Charakteristikenverfahren läßt sich aus entsprechenden Charakteristiken der Punkt Q der für Erst- und Zweitkreis gemeinsamen Stromlinie bestimmen.

Nach der eindimensionalen Theorie läßt sich nun der Querschnitt QQ' festlegen, da in Q alle Strömungsgrößen bekannt sind. Mit diesem Verfahren kann man sich schrittweise dem engsten Querschnitt A_2^* nähern, wobei in diesem ausgezeichneten Querschnitt die gemeinsame Stromlinie parallel zur Zweitdüsenkontur verlaufen muß. Erforderlichenfalls muß der Zweitkreis-Ruhedruck p_{o2} solange variiert werden, bis letztere Bedingung erfüllt ist. Erst dann kann die Berechnung der Überschallströmung im Zweitkreis (ebenfalls nach dem Charakteristikenverfahren) erfolgen.

4. Herleitung eines Berechnungsverfahrens zur Bestimmung von Strömungsgrößen bei vorgegebener Strömungsberandung (Auslegung der Zweitkontur)

Die Anwendung der Methodik der Programmierung des Charakteristikenverfahrens zur Bestimmung des divergenten Teiles von Überschalldüsen wurde in den voraufgehenden Kapiteln gezeigt. Dabei war eine Anfangscharakteristik mit zugehöriger Machzahlbelegung sowie der Machzahlverlauf auf der Düsenachse vorgegeben. Die Rechnung lieferte sodann Geschwindigkeitsfeld und durch Massenintegration längs der Charakteristiken die Kontur der Düse.

Bei vorliegendem Fall der Durchströmung einer Zweikreisdüse ist jedoch die Aufgabenstellung andersartig:

1. Gegeben ist eine Anfangscharakteristik, dazu die Koordinaten der Düsenkontur, oder
2. gegeben ist die Kontur einer Düse (punktweise), sowie der Machzahlverlauf längs der Kontur.

In beiden Fällen ist das Ergebnis die Geschwindigkeitsverteilung in der Düsenströmung (Nachrechnungsaufgaben). Ausgehend von einer beliebig vorgegebenen Sekundärdüsenkontur soll das gesamte Strömungsfeld einer rotationssymmetrischen Zweistromdüse (vgl. Abb. 37) berechnet werden. Die Problemstellung ist also analog zu den eben angeführten Punkten 1 und 2:

Die Nachrechnungsaufgabe für die Primärdüse kann ohne Massenintegration durchgeführt werden, da der erste Punkt der Charakteristik als Punkt der freien Strahlgrenze (=feste Wand lt. Voraussetzung) bekannt und der letzte Charakteristikenpunkt wegen seiner ausgezeichneten Lage auf der Düsenachse leicht zu bestimmen ist.

Die Nachrechnungsaufgabe für den Ringstrahl der Sekundärdüse liefert mit Hilfe der schon genannten Massenintegration die

Lage der Strahlgrenze zwischen Erst- und Zweitkreis, die zur Berechnung der Primärdüse erforderlich ist.

Um die Umkehrbarkeit von Auslegungsaufgabe und Nachrechnungsaufgabe zu überprüfen, wurden die in Kap. 3.3 bestimmten Düsenkonturen für die Nachrechnungsaufgaben herangezogen. Bei völliger Übereinstimmung muß sich z.B. längs der Düsenachse genau jene Machzahlverteilung errechnen lassen, die in der Auslegungsrechnung frei zu wählen war und die zur Ermittlung der nunmehr vorliegenden Düsenkontur zugrunde gelegt wurde.

Der Grundschritt des Charakteristikenverfahrens besteht darin, Abszisse, Ordinate, Strömungswinkel und Machzahl in einem Punkt C der Strömung zu ermitteln. Die Berechnung erfolgt mit Hilfe dieser vier Größen zweier gegebener Punkte A und B. Dabei wird in einem Unterprogramm ein Umspeicherzyklus derart gesteuert,

- daß Punkt A immer der zur Rechnung benutzte Punkt der vorgegebenen oder im vorigen Durchlauf berechnete Charakteristik ist,
- daß Punkt B immer der bekannte Punkt der neuen Charakteristik, und
- Punkt C immer der zu berechnende Punkt der neuen Charakteristik ist.

Das Gleichungssystem für eine rechtslaufende Charakteristik hat insgesamt vier Variablen (nämlich die eben genannten Größen) und unterscheidet sich von dem Gleichungssystem für eine linkslaufende Charakteristik nur durch Vorzeichnen.

Für die Berechnung werden alle vier Gleichungen, zwei für die von Punkt A ausgehende und zwei für die von Punkt B ausgehende Charakteristik, miteinander verknüpft. Bei der Berechnung eines neuen Punktes gibt es zwei Möglichkeiten: Entweder wird durch Punkt A eine rechtslaufende und durch Punkt B eine linkslaufende Charakteristik benötigt, oder umgekehrt. Da der Punkt A gemäß Abmachung jedoch immer der bekannten Charakteristik angehören soll, tritt bei Berechnung linkslaufender Charakteristiken die erste, bei Berechnung rechtslaufender Charakteristiken die zweite der eben erwähnten Möglichkeiten ein.

Aus diesem Grunde wird ein Parameter VZ (Vorzeichen) in die Rechnung eingeführt, der bei rechtslaufenden Charakteristiken - 1, und bei linkslaufenden Charakteristiken + 1 zu setzen ist. Zur Ermittlung rechtslaufender Charakteristiken (VZ = -1) - geht also durch Punkt A eine linkslaufende, durch B eine rechtslaufende Charakteristik - ergeben sich durch Verknüpfung der vier charakteristischen Gleichungen folgende vier Bestimmungsgleichungen:

$$x_C = \frac{y_A - y_B + x_B . \tan(\Theta_B - \alpha_B) - x_A . \tan(\Theta_A + \alpha_A)}{\tan(\Theta_B - \alpha_B) - \tan(\Theta_A + \alpha_A)}$$

$$y_C = y_A + (x_C - x_A) . \tan(\Theta_A + \alpha_A)$$

$$M_C^* = \frac{\Theta_B - \Theta_A + Q_B . M_B^* + Q_A . M_A^* + \frac{G_B}{y_B}(y_C - y_B) + \frac{F_A}{y_A}(y_C - y_A)}{Q_B + Q_A}$$

$$\Theta_C = \Theta_A + Q_A (M_C^* - M_A^*) - \frac{F_A}{y_A}(y_C - y_A)$$

Es bedeuten:

x	= Abszisse	Q	$= \frac{\cot\alpha}{M^*}$
y	= Ordinate		
M^*	= kritische Machzahl	F	$= \frac{\sin\Theta . \sin\alpha}{\sin(\Theta+\alpha)}$
Θ	= Strömungswinkel		
α	= Mach'scher Winkel	G	$= \frac{\sin\Theta . \sin\alpha}{\sin(\Theta-\alpha)}$

Für linkslaufende Charakteristiken (VZ = + 1) ergeben sich vier entsprechende Gleichungen.

Ein Vergleich der Gleichungen untereinander zeigt, daß der Parameter VZ nur in der Winkelsummierung bei Tangens- und Sinusfunktion und je einmal in der Gleichung für M_c^* und θ_c eingesetzt zu werden braucht, um beide vorgenannten Fälle zu erfassen:

$$x_C = \frac{y_A - y_B + x_B.\tan(\theta_B + VZ.\alpha_B) - x_A.\tan(\theta_A - VZ.\alpha_A)}{\tan(\theta_B + VZ.\alpha_B) - \tan(\theta_A - VZ.\alpha_A)}$$

$$y_C = y_A + (x_C - x_A).\tan(\theta_A - VZ.\alpha_A)$$

$$M_C^* = \frac{Q_A.M_A^* + Q_B.M_B^* + VZ\,(\theta_A - \theta_B) + G + F}{Q_A + Q_B}$$

$$\theta_C = \theta_A - VZ.\left[Q_A\,(M_C^* - M_A^*) - G\right]$$

Dabei bedeuten jetzt:

$$F = \frac{\sin\alpha_B.\sin\theta_B\,(y_C - y_B)}{y_B.\sin(\theta_B + VZ.\alpha_B)}$$

$$G = \frac{\sin\alpha_A.\sin\theta_A\,(y_C - y_A)}{y_A.\sin(\theta_A - VZ.\alpha_A)}$$

Daß beide bekannten Punkte auf der Düsenachse liegen - ein Sonderfall der Auslegungsaufgabe - tritt bei der Nachrechnungsaufgabe nicht auf. Die Größen F und G sind für diesen Fall nicht definiert. Andererseits tritt bei der Nachrechnungsaufgabe der Fall ein, daß der Punkt A bei jeder Charakteristik einmal auf der Achse liegt. Aus einer Grenzwertbetrachtung folgt:

$$\lim_{y_A \to 0} G = - VZ.\theta_C$$

Eingesetzt in die Grundgleichung ergibt sich

$$M_C^* = \frac{\frac{Q_A . M_A^*}{2} + Q_B . M_B^* + VZ. \left(\frac{\theta_A}{2} - \theta_B\right) + F}{\frac{Q_A}{2} + Q_B}$$

$$\theta_C = \frac{\theta_A - VZ.Q_A \,(M_C^* - M_A^*)}{2}$$

Der Mach'sche Winkel α_C wird aus der Machzahl M_C^* bzw. M_C bestimmt.

4.1 Berechnung des Düsenachspunktes

Auch im Unterprogramm zur Berechnung des Punktes auf der Düsenachse tritt der Vorzeichenparameter VZ auf, der wie beschrieben gehandhabt wird. Zur Berechnung des Achspunktes ist nur eine Charakteristik erforderlich, da zwei Randwerte von vornherein bekannt sind:

$$y_{Achspunkt} = 0$$

$$\theta_{Achspunkt} = 0$$

Alle andern Größen ergeben sich durch Einsetzen in die zwei Gleichungen einer Charakteristik.

Der Achspunkt wird als letzter Punkt einer Charakteristik berechnet. Geht man vom letzten Punkt vor der Achse aus, der wegen des Umspeicherzyklus' im Hauptprogramm als zuletzt berechneter Punkt den Index B erhält, so ergibt sich aus:

$$y_C - y_B = (x_C - x_B).\tan\,(\theta_B + VZ.\alpha_B)$$

$$\rightarrow x_C = x_B - \frac{y_B}{\tan\,(\theta_B + VZ.\alpha_B)}$$

aus: $\theta_C - \theta_B - VZ.Q_B\,(M_C^* - M_B^*) + VZ.\frac{G_B}{y_B}\,(y_C - y_B) = 0$

$$\rightarrow M_C^* = M_B^* - \left[\frac{VZ.\theta_B + G_B}{Q_B} \right]$$

$$\text{mit } G_B = \frac{\sin \alpha_B . \sin \theta_B}{\sin (\theta_B + VZ.\alpha_B)}$$

4.2 Berechnung des Konturpunktes

In Kapitel 4. wurde zwischen zwei Nachrechnungsproblemstellungen unterschieden. Sind Koordinaten und Machzahlverlauf längs einer Düsenkontur bekannt bzw. vorgegeben, so erübrigt sich die Berechnung des Konturpunktes als jeweils erster Punkt einer neuen Charakteristik. Ist das nicht der Fall (gegeben sind diesesmal Düsenkonturen und Anfangscharakteristik), so hat die Berechnung des Konturpunktes nach gleichem Gedankengang wie die Berechnung des Achspunktes zu erfolgen: Wiederum sind die Größen y und θ bekannt, jetzt allerdings in Abhängigkeit von der Abszisse x. Da in Durchströmungsrichtung der Düse gerechnet werden soll, können nur rechtslaufende Charakteristiken verwendet werden. Von Punkten der rechtslaufenden Charakteristik ausgehende linkslaufende Charakteristiken haben Schnittpunkte mit der Kontur, die in Strömungsrichtung gesehen vor der Ausgangscharakteristik liegen. Ist hingegen eine linkslaufende Charakteristik gegeben, so liegen die entsprechenden Schnittpunkte rechtslaufender Charakteristiken mit der Düsenkontur hinter der gegebenen Charakteristik. Erforderlichenfalls müßte also aus der linkslaufenden Charakteristik zuerst eine rechtslaufende Charakteristik berechnet werden.

Da in dieser Nachrechnungsaufgabe die aus Kapitel 3.3.1.3 übernommene Anfangscharakteristik rechtslaufend ist, erübrigt sich diese Umrechnung. Der Konturpunkt einer Charakteristik kann bei der Berechnung einer neuen Charakteristik nicht verwendet werden. Es werden vielmehr die Gleichungen für eine, durch den der Kontur nächstgelegenen Punkt der gegebenen Charakteristik führende, linkslaufende Charakteristik aufgestellt.

In die charakteristischen Gleichungen werden in Abhängigkeit von x Beziehungen für die Konturordinate und den Strömungswinkel an der Kontur, also den Tangens der ersten Ableitung des Konturverlaufs, eingesetzt. Da die aus Kapitel 3.3.1 übernommene Düsenkontur nur punktweise gegeben ist und folglich die im Charakteristikenverfahren zu errechnenden Konturschnittpunkte nicht exakt mit den gegebenen Kontur-Koordinatenpunkten zusammenfallen, wurden mit Hilfe eines Bibliotheksprogramms die Koeffizienten von Polynomen ermittelt, welche zwischen jeweils zwei gegebenen Punkten den Kurvenverlauf beschreiben und so glätten, daß der Übergang zum nächsten Kurvenabschnitt krümmungssprungfrei erfolgt. Durch Einsetzen der Abszissen der vorgegebenen Konturpunkte in die erste charakteristische Gleichung wird zunächst festgestellt, zwischen welchen Konturpunkten der Schnittpunkt zwischen der Charakteristik und der Kontur liegt, so daß auf die entsprechenden Polynomkoeffizienten zugegriffen werden kann. Die berechneten Polynome sind von dritter Ordnung

$$y_B = A_i + B_i . \Delta x_i + C_i . \Delta x_i^2 + D_i . \Delta x_i^3$$

$$\text{mit } \Delta x_i = x_B - x_{Ki}$$

A, B, C, D = Polynomkoeffizienten

Hierbei ist x_{Ki} die Abszisse des gegebenen Punktes an der unteren Grenze desjenigen Bereichs (Bereich = Kurvenverlauf zwischen zwei gegebenen Düsenkonturpunkten), für den die Polynomkoeffizienten gelten. Die charakteristische Gleichung lautet in diesem Fall:

$$y_B = y_A + (x_B - x_A) . \tan (\Theta_A + \alpha_A) \qquad (4.1)$$

bzw. nach Einführung von Δx_i:

$$\rightarrow y_B = y_A + \Delta x_i . \tan (\Theta_A + \alpha_A) + (x_{Ki} - x_A) \tan (\Theta_A + \alpha_A)$$

Durch Gleichsetzen der Beziehungen für y_B ergibt sich mit

$$D_i . \Delta x_i^3 + C_i . \Delta x_i^2 + \left[B_i - \tan(\theta_A + \alpha_A)\right] . \Delta x_i =$$

$$= y_A + (x_{Ki} - x_A) . \tan(\theta_A + \alpha_A) - A_i$$

eine Bestimmungsgleichung 3. Grades, aus der sich $\Delta x_i = x_B - x_{Ki}$ iterativ bestimmen läßt.

Nachdem nun x_B bekannt ist, läßt sich y_B aus Gleichung (4.1) berechnen. Ebenso leicht ist θ_B zu errechnen. Die letzte unbekannte Größe M_B^* erhält man aus der Gleichung

$$\theta_B - \theta_A - Q_A (M_B^* - M_A^*) + \frac{F_A}{y_A} (y_B - y_A) = 0$$

$$\rightarrow M_B^* = M_A^* + \frac{\theta_B - \theta_A + \frac{F_A}{y_A} (y_B - y_A)}{Q_A}$$

$$\text{mit } F_A = \frac{\sin \theta_A . \sin \alpha_A}{\sin (\theta_A + \alpha_A)}$$

Der Punkt der gegebenen Charakteristik hat den Index A, der zu berechnende Konturpunkt den Index B.

4.3 Fortranprogramme

4.3.1 Das Programm DUESAN

Entsprechend der ersten Problemstellung berechnet das Fortranprogramm DUESAN das Geschwindigkeitsfeld der Überschallströmung im divergenten Teil einer Lavaldüse, ausgehend vom punktweise vorgegebenen Konturverlauf und einer Anfangscharakteristik.

Als erstes werden Zahl der Konturpunkte, Zahl der Punkte der Anfangscharakteristik sowie der Isentropenexponent eingelesen, danach die Anfangscharakteristik, anschließend die Abszissen-

und Ordinatenwerte der Konturpunkte. Die Konturpunkte sind nach größer werdenden Abszissenwerten, die Punkte der Anfangscharakteristik ebenfalls in bestimmter Reihenfolge geordnet, und zwar so, daß im Datenpaket zuerst der Konturpunkt und dann fortlaufend die Zwischenwerte bis zum Achspunkt enthalten sind. Vor Start zur Berechnung des Charakteristikennetzes wird die punktweise vorgegebene Kontur durch ein Unterprogramm geglättet, wobei gleichzeitig die Koeffizienten der Interpolationspolynome berechnet werden.

4.3.2 Programm DUESMA

Dieses Rechenprogramm erlaubt, ausgehend vom Konturverlauf und Machzahlverlauf längs der Kontur (Problemstellung 2),die Berechnung aller Größen im Geschwindigkeitsfeld einer Überschalldüsenströmung. Die Einlesung der Daten erfolgt ähnlich wie unter Punkt 4.3.1. Abszisse, Ordinate und Machzahl der Konturpunkte sind aus Kapitel 3.3.1 übernommen. Auch die Werte für die Strömungswinkel an der Düsenkontur könnten aus dieser Auslegungsrechnung übernommen werden; es zeigt sich jedoch, daß diese - wegen zu großer Maschenweite des Charakteristikennetzes - nicht ausreichend genau mit den Steigungswinkeln übereinstimmen, die sich aus dem Konturverlauf ergeben. Daher wird die eingelesene Kontur zunächst geglättet; aus den berechneten Polynomen werden dann die Strömungswinkel in den gegebenen Punkten berechnet.

Im vorliegenden Programm werden linkslaufende Charakteristiken berechnet. Der erste (vorgegebene) Konturpunkt wird als erste Charakteristik aufgefaßt. Die zweite Charakteristik besteht aus dem zweiten (vorgegebenen) Konturpunkt und einem neuen Netzpunkt, der aus den Strömungsdaten des ersten und zweiten Konturpunktes berechnet wurde. Die dritte Charakteristik besteht entsprechend aus drei Punkten, etc. Die Zahl der in einer Charakteristik enthaltenen Netzpunkte nimmt solange zu, bis die Düsenachse erreicht ist.

4.4 Ergebnisse der Nachrechnungsaufgaben

In den Abbildungen 43 und 44 sind die Machzahlverläufe an der Düsenkontur und auf der Düsenachse dargestellt, wie sie mit Hilfe des Programms DUESAN ermittelt wurden. Zum Vergleich sind jene Machzahlverläufe aufgetragen, wie sie im Rahmen der Auslegung in Kapitel 3.3 ermittelt wurden. Die bei Umkehrung der Aufgabenstellung (Vorgabe von Konturverlauf und Angangscharakteristik) sich ergebende Machzahlverteilung ist in der Tendenz richtig, weicht jedoch quantitativ von der in Kapitel 3.3.1.8 berechneten Verteilung ab. Die Fehlersuche bereitete einiges Kopfzerbrechen. Zunächst wurde als Anlaß für diese Abweichung das nicht ausreichend engmaschige Charakteristikennetz angesehen. Eine Nachprüfung bei Verdoppelung der Netzpunkte zeigte, daß dieser hohe Aufwand zu keiner entscheidenden Annäherung der divergierenden Kurvenzüge führt.

Die in Kapitel 3.3.1.6 ermittelten Konturpunkte wurden mit Hilfe von auf linearisierten Gleichungen beruhender Massenintegration berechnet. Es wurde nun vermutet, daß durch die lineare Mittelung unzulässige große Fehler aufgetreten seien. Die Mittelwert-Berechnung wurde dahingehend geändert, daß statt der linearen integrale Mittelwerte gebildet wurden, und zwar mittels Polynome dritten Grades, die nach der Methode der kleinsten Fehlerquadrate berechnet wurden. Der neue Konturverlauf (integrale Mittelwertbildung) unterscheidet sich von dem der Auslegungsrechnung (Kapitel 3.3.1) dadurch, daß im hinteren Düsenteil erhebliche Ungenauigkeiten zusätzlich auftreten, wie Abb. 46 erkennen läßt. Die Schwankungen nehmen genau dort ihren Anfang, wo die - vom Punkt $\tilde{x}_A$ auf der Düsenachse ausgehende - rechtslaufende Charakteristik die Düsenkontur trifft (vgl. Punkt "A" in Abb. 46). Dieses auffällige Verhalten im Konturverlauf lenkte die Aufmerksamkeit auf das in der Auslegungsaufgabe für die Machzahlverteilung auf der Düsenachse (Kapitel 3.3.1.5 Seite 40) zugrunde gelegte Polynom. Die Ungenauigkeiten treten nämlich dort auf, wo dieses Polynom Randwert-

Bedingungen zu erfüllen hat, also in den Punkten x_C und $\tilde{x}_A$.

Die Steigung des Machzahlverlaufs und die Machzahl selbst [M = f (x)] werden in diesen ausgezeichneten Punkten entsprechend den Randbedingungen zur Berechnung des Polynoms benutzt. Wenn jedoch in der Auslegungsaufgabe ein Polynom dritten Grades für die Machzahlverteilung auf der Düsenachse zugrunde gelegt wurde, dann stimmt die zweite Ableitung - die in den Punkten x_C und $\tilde{x}_A$ aus dem Polynom berechnet werden kann - nicht mit den Randbedingungen überein! In den Punkten x_C und $\tilde{x}_A$ muß die zweite Ableitung jeweils gleich Null sein (Anschluß an Geraden). Für insgesamt sechs Randbedingungen muß ein Polynom fünften Grades mit sechs freien Koeffizienten angesetzt werden. Ein "Überschwingen" dieses Polynoms zwischen beiden Punkten tritt nicht auf, da durch die Bedingungen

$$\left(\frac{\partial M^*}{\partial x}\right)_{\tilde{x}_A} = 0$$

und $$\left(\frac{\partial^2 M^*}{\partial x^2}\right)_{\tilde{x}_A} = \left(\frac{\partial^2 M^*}{\partial x^2}\right)_{x_C} = 0$$

per se der richtige Bereich des Polynoms gewählt wird.

Nach Einführung eines Polynoms fünften Grades für die Machzahlverteilung auf der Düsenachse ließ sich eine hohe Genauigkeit zwischen Auslegung und Nachrechnungsaufgabe (Anwendung der Programme DUESAN und DUESMA) erreichen.

4.5 Ein Verfahren zur Berechnung des Machzahlverlaufs an einer beliebig vorgegebenen Düsenkontur

4.5.1 Aufstellung der Differentialgleichung

Zwischen der Geometrie einer Düsenkontur und dem Geschwindigkeitsverlauf längs dieser Kontur besteht ein wechselseitiger Zusammenhang. Setzt man voraus, daß keine verlustbehafteten

Vorgänge (Grenzschichtausbildung, Strömungsablösung, Verdichtungsstöße) in der Strömung auftreten, so kann die Strömungsberandung als Stromlinie aufgefaßt werden.

Die Euler'schen Gleichungen bzw. die daraus abgeleitete Potentialgleichung beschreiben den Geschwindigkeitsverlauf entlang einer Stromlinie. Setzt man nun in diese Gleichung die Bedingung ein, nur für die Kontur zu gelten, dann ergibt sich damit eine Differentialgleichung, die im Gegensatz zur Potentialgleichung für den allgemeinen Fall lösbar ist.

Zunächst soll der von den Euler'schen Gleichungen (3-dimensionale Strömung) zur Potentialgleichung für rotationssymmetrische Strömung führende Weg aufgezeigt werden.

Neben den Euler'schen Gleichungen

$$\left.\begin{aligned} \rho.\frac{du}{dt} &= -\frac{\partial p}{\partial x} \\ \rho.\frac{dv}{dt} &= -\frac{\partial p}{\partial y} \\ \rho.\frac{dw}{dt} &= -\frac{\partial p}{\partial z} \end{aligned}\right\} \qquad (4.2)$$

mit ρ = Dichte
t = Zeit
p = Druck
x, y, z = kartesische Koordinaten
u, v, w = Geschwindigkeitskomponenten in den Koordinatenrichtungen x, y und z

wird der Kontinuitätssatz in seiner allgemeingültigen Form angesetzt

$$\frac{\partial \rho}{\partial t} + \rho \left(\frac{\partial u}{\partial x} + \frac{\partial v}{\partial y} + \frac{\partial w}{\partial z}\right) + u.\frac{\partial \rho}{\partial x} + v\frac{\partial \rho}{\partial y} + w\frac{\partial \rho}{\partial z} = 0 \qquad (4.3)$$

An vorstehenden vier Gleichungen wird eine Koordinatentransformation auf Zylinderkoordinaten durchgeführt.

Die neuen Koordinaten sind x, r und φ; die zugehörigen Geschwindigkeitskomponenten w_u, w_r und w_φ

$$\text{Aus}\quad \left.\begin{aligned} x &= x \\ y &= r.\sin\varphi \\ z &= r.\cos\varphi \end{aligned}\right\} \qquad \begin{aligned} \partial x &= \partial x \\ \partial y &= \partial r.\sin\varphi \\ \partial z &= -\partial\varphi\,.r.\sin\varphi \end{aligned} \qquad (4.4)$$

unter der Voraussetzung, daß Rotationsymmetrie ($w_\varphi = 0$) vorliegt;

$$\text{Aus}\quad \left.\begin{aligned} w_u &= u \\ w_r &= v.\sin\varphi + w.\cos\varphi \\ w_\varphi &= v.\cos\varphi - w.\sin\varphi \end{aligned}\right\} \qquad \begin{aligned} u &= w_u \\ v &= w_r.\sin\varphi \\ w &= w_r.\cos\varphi \end{aligned} \qquad (4.5)$$

Die Beziehungen (4.4) und (4.5) in die Kontinuitäts-Gleichung (4.3) eingesetzt:

$$\frac{\partial\rho}{\partial t} + \rho\left(\frac{\partial w_u}{\partial x} + \frac{\partial w_r}{\partial r} + \frac{w_r}{r}\right) + w_u\frac{\partial\rho}{\partial x} + w_r\frac{\partial\rho}{\partial r} = 0 \qquad (4.3')$$

Die totalen Differentiale der Euler'schen Gleichung lauten bei statinärer Strömung mit Gleichung (4.4) und (4.5) umgeformt:

$$\frac{du}{dt} = \frac{\partial u}{\partial t} + \frac{\partial u}{\partial x}.u + \frac{\partial u}{\partial y}.v + \frac{\partial u}{\partial z}.w$$

$$\rightarrow \frac{du}{dt} = \underbrace{\frac{\partial w_u}{\partial t}}_{=0} + \frac{\partial w_u}{\partial x}.w_u + \frac{\partial w_u}{\partial r}.w_r$$

$$\rightarrow \frac{dv}{dt} = \underbrace{\frac{\partial(w_r.\sin\varphi)}{\partial t}}_{=0} + \frac{\partial w_r}{\partial x}.w_u.\sin\varphi + \frac{\partial w_r}{\partial r}.w_r.\sin\varphi - \frac{w_r^{\,2}.\cos^2\varphi}{r.\sin\varphi}$$

$$\rightarrow \frac{dw}{dt} = \underbrace{\frac{\partial (w_r \cdot \cos\varphi)}{\partial t}}_{=0} + \frac{\partial w_r}{\partial x} \cdot w_u \cdot \cos\varphi + \frac{\partial w_r}{\partial r} \cdot w_r \cdot \cos\varphi + \frac{w_r^2}{r} \cos\varphi$$

Bei Voraussetzung stationärer strömung entfällt in der Kontinuitätsgleichung (4.3') der Term $\frac{\partial \rho}{\partial t}$.

Mit Einführung der Schallgeschwindigkeit ($a^2 = \frac{\partial p}{\partial \rho}$) lassen sich die rechten Seiten der Gleichungen (4.2) ebenfalls umformen. Die Euler'schen Gleichungen stellen sich jetzt in folgender Form dar:

$$\rho \left(\frac{\partial w_u}{\partial x} \cdot w_u + \frac{\partial w_u}{\partial r} \cdot w_r\right) = - a^2 \frac{\partial \rho}{\partial x}$$

$$\rho \left(w_u \cdot \sin^2\varphi \cdot \frac{\partial w_r}{\partial x} + w_r \cdot \sin^2\varphi \cdot \frac{\partial w_r}{\partial r} - \frac{w_r^2}{r} \cdot \cos^2\varphi\right) =$$

$$= - a^2 \cdot \frac{\partial \rho}{\partial r} \qquad (4.2')$$

$$\rho \left(w_u \cdot \cos^2\varphi \cdot \frac{\partial w_r}{\partial x} + w_r \cdot \cos^2\varphi \cdot \frac{\partial w_r}{\partial r} + \frac{w_r^2}{r} \cos^2\varphi\right) =$$

$$= + a^2 \frac{\partial \rho}{r \cdot \partial\varphi \cdot \sin\varphi} = 0$$

$$\text{wegen } \frac{\partial \rho}{\partial z} = 0$$

Durch Addition der zweiten und dritten Euler'schen Gleichung [vgl. (4.2')] und unter Hinzunahme der Kontinuitätsgleichung für stationäre Strömung ergibt sich folgendes Gleichungssystem:

$$\rho \left(w_u \cdot \frac{\partial w_u}{\partial x} + w_r \frac{\partial w_u}{\partial r}\right) = - a^2 \frac{\partial \rho}{\partial x} \qquad (4.6)$$

$$\rho \left(w_u \cdot \frac{\partial w_r}{\partial x} + w_r \cdot \frac{\partial w_r}{\partial r}\right) = - a^2 \frac{\partial \rho}{\partial r} \qquad (4.7)$$

$$\rho\left(\frac{\partial w_u}{\partial x} + \frac{\partial w_r}{\partial r} + \frac{w_r}{r}\right) + w_u \frac{\partial \rho}{\partial x} + w_r \cdot \frac{\partial \rho}{\partial r} = 0 \qquad (4.8)$$

Durch Einführung des Geschwindigkeitspotentials, dessen partielle Ableitungen durch die Geschwindigkeitskomponenten definiert sind,

$$\frac{\partial \varphi}{\partial x} = w_u = \varphi_x$$

$$\frac{\partial \varphi}{\partial r} = w_r = \varphi_r$$

erhält man - durch geeignete Verknüpfung der Gleichungen (4.6, 4.7 und 4.8) - die bekannte Potentialgleichung, die spätere Gleichung (4.10').

An dieser Stelle soll jedoch stattdessen die Beschränkung auf die Düsenkontur erfolgen. Bezeichnet man den Radius der Kontur mit h = h (x), so gilt:

$$r = h\,(x)$$

$$\frac{\partial r}{\partial x} = \frac{\partial [h(x)]}{\partial x} = h'(x);\ \text{entsprechend}\ h''(x) = \frac{\partial h'}{\partial x}$$

Für eine feste Wand wie für eine Stromlinie gilt, daß keine Masse durch sie hindurchtreten kann. Die Strömungsgeschwindigkeit kann also an jedem Punkt nur eine zur Wand bzw. zur Stromlinie tangentiale Richtung haben; daher gilt:

$$\frac{w_r}{w_u} = \frac{\partial r}{\partial x}$$

$$\text{bzw.} \qquad \underline{w_r = w_u \cdot h'}$$

Dieser Ausdruck, eingesetzt in die Gleichungen (4.6, 4.7 und 4.8) führt zu folgenden Beziehungen

$$\frac{2.\rho.w_u^2}{a^2} \cdot \frac{\partial w_u}{\partial x} + w_u \cdot \frac{\partial \rho}{\partial x} = 0 \qquad (4.6')$$

$$\frac{2\ \rho.w_u^2}{a^2} (h'^2 \frac{\partial w_u}{\partial x} + w_u.h'\ h'') + w_r \frac{\partial \rho}{\partial r} = 0 \qquad (4.7')$$

$$\rho. \left[2. \frac{\partial w_u}{\partial x} + w_u \left(\frac{h''}{h'} + \frac{h'}{h}\right)\right] + w_u \cdot \frac{\partial \rho}{\partial x} + w_r \cdot \frac{\partial \rho}{\partial r} = 0 \qquad (4.8')$$

Die Gleichungen (4.6') und (4.7') werden addiert, und durch Gleichsetzung mit (4.8') zu einer einzigen Gleichung verbunden:

$$\frac{\partial w_u}{\partial x} \cdot \left[2\ a^2 - 2\ w_u^2\ (1 + h'^2)\right] + w_u.a^2 \left(\frac{h''}{h'} + \frac{h'}{h}\right) - 2\ w_u^3 . .h'\ h'' = 0 \qquad (4.9)$$

Die Schallgeschwindigkeit a wird wie folgt bestimmt

$$a^2 = \frac{k+1}{2} \cdot a^{*2} - \frac{k-1}{2} (w_u^2 + w_r^2)$$

$$\rightarrow a^2 = \frac{k+1}{2} a^{*2} - \frac{k-1}{2} .w_u^2\ (1 + h'^2)$$

mit k = Isentropenexponent
a^* = kritische Schallgeschwindigkeit

und in Gleichung (4.9) eingesetzt.

$$\boxed{\frac{\partial w_u}{\partial x} \cdot \left[a^{*2} - w_u^2\ (1 + h'^2)\right] + \frac{a^{*2}}{2} \cdot w_u \left(\frac{h''}{h'} + \frac{h'}{h}\right) - \left(\frac{k-1}{k+1}\right).\frac{w_u^3}{2} \left(\frac{h''}{h'} + \frac{h'}{h} + \frac{h'^3}{h} + \frac{k+3}{k-1} h'\ h''\right) = 0} \qquad (4.10)$$

Das Ergebnis - Gleichung (4.10) - ist eine Differentialgleichung erster Ordnung. Sie beschreibt den Zusammenhang zwischen Kontur- und Machzahlverlauf.

4.5.2 Transformation

Die obige Differentialgleichung ähnelt sehr stark einer Abel'schen DGL zweiter Art [18], und läßt sich in übersichtlicher Form wie folgt darstellen:

$$y' . \left[K + g(x) . y^2\right] + y^3 . f_3(x) + y . f_1(x) = 0$$

wobei:

$$y = w_u \qquad y' = \frac{\partial w_u}{\partial x}$$

$$K = a^{*2} \qquad g(x) = -(1+h'^2)$$

$$f_1(x) = \frac{a^{*2}}{2} \left(\frac{h''}{h'} + \frac{h'}{h}\right)$$

$$f_3(x) = -\frac{(k-1)}{2(k+1)} . \left(\frac{h''}{h'} + \frac{h'}{h} + \frac{h'^3}{h} + \frac{k+3}{k-1} . h' . h''\right)$$

Für eine DGL obigen Typs i.a. folgende Transformation vorgeschlagen:

$$K + g(x) . y^2 = \frac{1}{u(x)} \left[= a^2 - (1 + h'^2)\, y^2\right] \tag{4.11}$$

Die Größen y, y^3 und y' werden durch vorliegende Transformation eliminiert. Es gilt

$$y = \sqrt{\frac{1}{g.u} - \frac{K}{g}}$$

Bildet man die Ableitung von y und setzt y mit y' in die DGL ein, so erhält man:

$$\frac{K\,g'}{g^2 . u} - \frac{g'}{g^2 . u^2} - \frac{u'}{g u^3} + 2\, f_3 \left(\frac{1}{g.u} - \frac{K}{g}\right)^2 + 2\, f_1 \left(\frac{1}{g.u} - \frac{K}{g}\right) = 0$$

Nach u' aufgelöst ergibt sich mit Gleichung (4.10') nunmehr eine Abel'sche DGL erster Art, da alle Klammerausdrücke nur von x abhängig sind. Die Unbekannte ist jetzt u(x):

$$u' = u^3 \left(\frac{2K^2}{g} . f_3 - 2.f_1.K\right) + u^2 \left(2f_1 + \frac{K\,g'}{g} - \frac{4\,K}{g}\,f_3\right) +$$
$$+ u \left(\frac{2.f_3}{g} - \frac{g'}{g}\right) \qquad (4.10')$$

Gleichung (4.10') läßt sich vereinfacht schreiben:

$$u' = u^3.F_I + u^2.F_{II} + u.\,F_{III}$$

Zunächst werden die Funktionen $F_{I,\ II,\ III}$ in Abhängigkeit von x (bzw. h) berechnet.

$$\rightarrow F_I = (2K^2.f_3)/\,g - 2K\,f_1 = -\frac{2\,a^{*4}}{k+1}\underbrace{\left(\frac{\frac{h''}{h} + \frac{h'}{h} + \frac{h'^3}{h} - h''\,h'}{1 + h'^2}\right)}_{X}$$

$$F_{II} = 2\,f_1 + \frac{K.g'}{g} - \frac{4\,K\,f_3}{g}; \quad \text{mit } g' = -\,2\,h''.h'$$

$$\rightarrow F_{II} = \frac{(3-k)\,a^{*2}}{(k+1)}\,.\,(X)$$

$$F_{III} = 2.\,\frac{f_3}{g} - \frac{g'}{g}$$

$$\rightarrow F_{III} = \frac{k-1}{k+1}\,.(X)$$

Für die Gleichung (4.10') ergibt sich damit:

$$u' = \left\{\frac{\frac{h''}{h'} + \frac{h'}{h} + \frac{h'^3}{h} - h''\,h'}{1 + h'^2}\right\} . \left[-\frac{2a^{*4}}{k+1}\,.\,u^3 + \frac{(3-k)}{k+1}\,a^{*2}.u^2 + \right.$$
$$\left. + \frac{k-1}{k+1}\,.u\right] . \qquad (4.10'')$$

Die DGL (4.10) ist also hiermit in eine DGL mit getrennten Variablen überführt worden.

4.5.3 Lösung

Die Gleichung (4.10) läßt sich in die Form

$$u' = F(x) . \left[a.u^3 + b.u^2 + c.u \right] = \frac{\partial u}{\partial x}$$

überführen, mit

$$a = - \frac{2}{k+1} . a^{*4} ; \quad b = \frac{3-k}{k+1} . a^{*2} ; \quad c = \frac{k-1}{k+1}$$

$$F(x) = \frac{\frac{h''}{h'} + \frac{h'}{h} + \frac{h'^3}{h} - h'' h'}{h'^2 + 1}$$

$$\rightarrow \frac{\partial u}{au^3 + bu^2 + c.u} = F(x) . \partial x \qquad (4.11)$$

Nach der Variablentrennung kann die Gleichung integriert werden:

$$I_1 = \int \frac{\partial u}{au^3 + bu^2 + c.u} \qquad I_2 = \int F(x) \cdot \partial x$$

Das Integral der linken Seite der Gleichung wird durch Partialbruchzerlegung berechnet

$$I_1 = \frac{1}{a} . \int \left[\frac{1}{u} \left(\frac{1}{u^2 + \frac{b}{a} .u + \frac{c}{a}} \right) \right] \partial u$$

4.5.4 Nullstellen des Nenners

$$u^2 + \frac{b}{a} . u + \frac{c}{a} = 0$$

$$\rightarrow u_{1;2} = - \frac{b}{2a} \pm \sqrt{\frac{b^2 - 4ac}{4a^2}}$$

$$\frac{1}{u\,(u^2 + \frac{b}{a}.u + \frac{c}{a})} = \left[(\frac{1}{u}).(\frac{1}{u+A}).(\frac{1}{u+B})\right]$$

$$\text{mit } A = \frac{b}{2a} + \frac{\sqrt{b^2-4ac}}{2a}$$

$$B = \frac{b}{2a} - \frac{\sqrt{b^2-4ac}}{2a}$$

$$\frac{u}{u^3 + \frac{b}{a}\,u^2 + \frac{c}{a}.u} = \left[\frac{K_1.u}{u} + \frac{K_2.u}{u+A} + \frac{K_3.u}{u+B}\right]$$

Durch Koeffizientenvergleich der Potenzen von u

$$u = K_1.u\,(u+A)\,(u+B) + K_2.u^2\,(u+B) + K_3.u^2\,(u+A)$$

lassen sich die Konstanten K_1, K_2 und K_3 bestimmen zu

$$K_1 = \frac{1}{A.B}$$

$$K_2 = \frac{1}{A.(A-B)}$$

$$K_3 = \frac{1}{B.(B-A)}$$

Diese werden jedoch erst nach der Integration explizit in die Gleichung eingesetzt.

Das Integral der linken Seite der Gleichung lautet nunmehr:

$$I_1 = \frac{1}{a}.\int (\frac{K_1}{u} + \frac{K_2}{u+A} + \frac{K_3}{u+B})\;du$$

$$I_1 = \frac{K_1}{a}.\,\ln|u| + \frac{K_2}{a}.\,\ln|u+A| + \frac{K_3}{a}.\,\ln|u+B| + \ln C_1$$

$$I_1 = \ln\left[C_1.\;|u|^{\frac{K_1}{a}}\;.\;|u+A|^{\frac{K_2}{a}}\;.\;|u+B|^{\frac{K_3}{a}}\right]$$

Die Resubstitution der Abkürzungen a, b und c in die Beziehungen für A, B und die Konstanten K_1, K_2 und K_3 führt zu folgendem Ausdruck für das Integral I_1:

$$I_1 = \ln \left[\frac{C_1 \cdot |u|^{\frac{k+1}{k-1}}}{\left|u - \frac{1}{a^2}\right| \cdot \left|u + \frac{k-1}{2a^2}\right|^{\frac{2}{k-1}}} \right]$$

Das Integral der rechten Seite von Gleichung (4.11)

$$I_2 = \int \frac{\frac{h''}{h'} + \frac{h'}{h} + \frac{h'^3}{h} - h'' h'}{h'^2 + 1} \, dx$$

$$= \int \frac{h''}{h'} \, dx + \int \frac{h'}{h} \, dx - \int \frac{2h'' h'}{h'^2 + 1} \, dx$$

erhält nach Einführung der Substitution

$$z = 1 + h'^2(x)$$

$$\rightarrow dz = 2 \, h' \, h'' \, dx$$

die Form:

$$I_2 = \int \frac{h''}{h'} \, dx + \int \frac{h'}{h} \, dx - \int \frac{dz}{z}$$

Da die Funktionen h, h' und h" allesamt negative Werte annehmen können, der natürliche Logarithmus aber nur für ein positives Argument definiert ist, müssen für die Lösung der Teilintegrale Fallunterscheidungen durchgeführt werden, wobei angenommen werden darf, daß die Größe h immer positiv ist.

Das Integral mit der Variablen z bleibt bei der Fallunterscheidung unberücksichtigt, da z immer positiv ist. Da h' und h" jeweils positiv und negativ sein können, müssen vier Bereiche unterschieden werden.

Bereich 1: $h' > 0$ $h'' > 0$

$$\rightarrow I_2 = \ln \left[\frac{C_2 . h . h'}{1 + h'^2} \right]$$

Bereich 2: $h' > 0$ $h'' < 0$

$$\rightarrow I_2 = \ln \left[\frac{C_2 . h}{h' \; (h'^2 + 1)} \right]$$

Bereich 3: $h' < 0$ $h'' > 0$

$$\rightarrow I_2 = \ln \left[\frac{C_2}{h - |h'| \; . (1 + h'^2)} \right]$$

Bereich 4: $h' < 0$ $h'' < 0$

$$\rightarrow I_2 = \ln \left[\frac{C_2 . h'}{h . (1 + h'^2)} \right]$$

Für Bereich 1 gilt, bei Gleichsetzen von I_1 und I_2:

$$\frac{|u|^{\frac{k+1}{k-1}}}{\left| u - \frac{1}{a^{*2}} \right| . \left| u + \frac{k-1}{2a^{*2}} \right|^{\frac{2}{k-1}}} = \frac{C . h' . h}{h'^2 + 1}$$

Für die übrigen Bereiche gilt Analoges. Die im folgenden mit "L" gekennzeichnete linke Seite obiger Gleichung läßt sich durch Einsetzen der Definition von u [vgl. Gleichung (4.11)] wesentlich vereinfachen:

Gleichung (4.11) lautet:

$$\frac{1}{u} = a^{*2} - (1 + h'^2) \, .y^2$$

mit $y = w_u$; $w_r = h'.w_u$

und $w^2 = w_u^{\;2} + w_r^{\;2} = w_u^{\;2} \, (1+h'^2)$

$$\rightarrow \underline{\frac{1}{u} = a^{*2} - w^2}$$

Dies eingesetzt ergibt:

$$L = \frac{1}{\left|(\frac{w}{a^*})^2\right| . \left|\frac{k+1}{2} - \frac{k-1}{2} \, . \, (\frac{w}{a^*})^2\right|^{\frac{2}{k-1}}}$$

bzw. wegen $M^* = \frac{w}{a^*}$

$$\rightarrow L = \frac{1}{M^{*2} \, (\frac{k+1}{2} - \frac{k-1}{2} \, M^{*2})^{\frac{2}{k-1}}}$$

Die Betragstriche können entfallen, da beide Terme nicht negativ werden.

Somit ergibt sich die endgültige Form der Lösungen:

Bereich 1: $h' > 0 \quad h'' > 0$

$$M^{*2} \, . \, (\frac{k+1}{2} - \frac{k-1}{2} \, M^{*2})^{\frac{2}{k-1}} = \frac{1 + h'^2}{C.h.h'}$$

Bereich 2: $h' > 0 \quad h'' < 0$

$$M^{*2} \, (\frac{k+1}{2} - \frac{k-1}{2} \, M^{*2})^{\frac{2}{k-1}} = \frac{h' \, (1+h'^2)}{C \, h}$$

Bereich 3: $h' < 0$ $h'' > 0$

$$M^{*2}\left(\frac{k+1}{2} - \frac{k-1}{2} M^{*2}\right)^{\frac{2}{k-1}} = \frac{h.|h'|.(1+h'^2)}{C}$$

Bereich 4: $h' < 0$ $h'' < 0$

$$M^{*2}\left(\frac{k+1}{2} - \frac{k-1}{2} M^{*2}\right)^{\frac{2}{k-1}} = \frac{h\ (1+h'^2)}{C.h'}$$

Aus Gleichung (4.10) ist zu ersehen, daß die Ableitung in den Extremwerten der Funktion für die Düsenkontur nicht gilt, da dort h' gleich Null ist.

Die Lösungsbereiche 1 bis 4 seien an folgender Skizze erläutert:

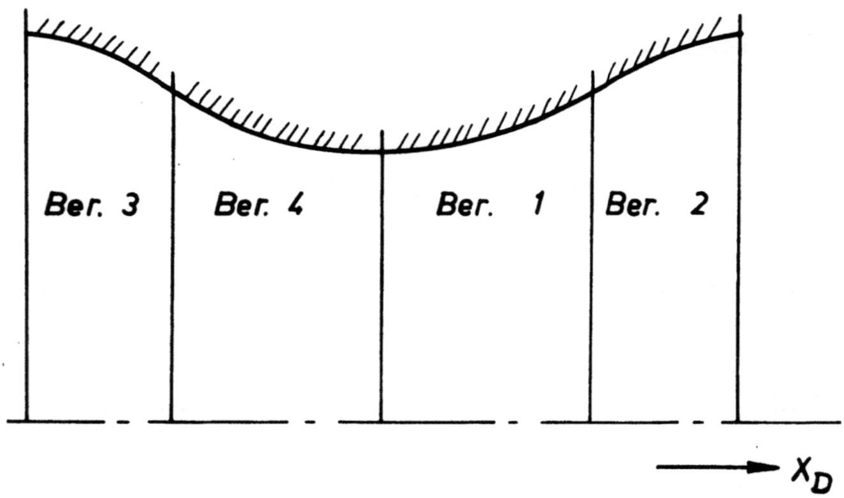

In den Bereichen 1 und 2 besitzt die Kontur eine positive ($h' > 0$), in den Bereichen 3 und 4 eine negative Steigung ($h' < 0$), im Bereich 1 ist h'(x) positiv, im Bereich 2 h" negativ.

Bei den Bereichen 3 sowie 4 geht der Absolutwert von h' in die Gleichung ein. Das heißt, daß der mit 4 bezeichnete Geltungsbereich von der Lösung 4 beschrieben wird, da h' (x) und h" (x) kleiner Null sind. Der Betrag von h' steigt im Bereich 3 demgegenüber an. Weitere Bereichskombinationen sind denkbar, jedoch nicht sinnvoll, da die Düsenkontur der Skizze auf Seite 82 im Prinzip gleichen muß.

Die in den Lösungen auftretende Konstante ist für die vier unterschiedenen Bereiche der Düsenkontur unterschiedlich. Sie kann beim Übergang von einem zum nächsten Bereich berechnet werden, es sei denn, an der Nahtstelle zwischen zwei Bereichen liege ein Extremwert (Minimum bzw. Maximum). In diesem Fall gelten die Lösungen nicht für den gemeinsamen Punkt des Extremwertes.

Liegt auf der Grenze zwischen zwei Bereichen ein Wendepunkt, so gelten die Gleichungen beider Bereiche in diesem Punkt z.B.:

$$C_2 = C_1 . h'^{\,2}_w$$

$$C_3 = C_4 . h'^{\,2}_w$$

mit h'_w = erste Ableitung im Wendepunkt

Die Indizes der Konstanten zeigen den Gültigkeitsbereich an.

Trägt man die linke Seite aller vier Lösungen abhängig von M^* für vorgegebene Werte des Isentropenexponenten (k=1,3; 1,4) auf, so ergeben sich die in Abb. 45 dargestellten Kurvenzüge. Diese gleichen exakt dem Verlauf der Massenstromdichte Θ = f (M^*), wie er aus der eindimensionalen Behandlung der Düsenströmung bekannt ist.

4.5.5 Fortranprogramm MAKON

Nach der im voraufgehenden Kapitel aufgestellten Theorie kann im Programm MAKON der Machzahlverlauf längs einer beliebigen Kontur errechnet werden. Um jedoch die Genauigkeit des Rechenverfahrens überprüfen zu können, wird die in Kapitel 3.3.1 berechnete Kontur für eine Austrittsmachzahl M_A = 1,7 (k=1,3) punktweise eingelesen. Es muß darauf hingewiesen werden, daß die Kontur-Ordinate h eine stetige, zusammenhängende und differenzierbare Funktion von x ist. Da einerseits diese wesentliche Voraussetzung, andererseits aber auch eine möglichst exakte Einlesung der Konturwerte erfüllt sein muß, wurde der Weg beschritten, die Ableitungen - ähnlich wie in den Charakteristiken -Programmen - zu glätten. Strenggesehen kann man demnach nicht die Ergebnisse (Machzahlverläufe) beider Programme (DUESMA und MAKON) vergleichen, da geringfügige Abweichungen in der Funktion des Konturverlaufs kaum zu vermeiden sind. Die Verwendung Polynome höherer Ordnung (nach der Methode der minimalen Fehlerquadrate) bzw. von einfachen Spline-Polynomen führt leicht zu einem Überschwingen der Funktion, wie Abb. 46 zeigt.

Als erste Daten werden u.a. die Randbedingungen zur Konstantenbestimmung eingelesen. Dabei ist zwischen zwei Fällen zu unterscheiden: Zum einen können Konturen eingelesen werden, die sich ausschließlich erweitern, zum andern kann es sich um zuerst verengende und dann erweiternde Kanäle handeln.

Das Fortranprogramm MAKON berechnet in jedem Konturpunkt die Machzahlen M und M^*, die Geschwindigkeit w und den Strömungswinkel Θ.

Der mit dem Programm MAKON errechnete Machzahlverlauf stimmt sehr gut mit dem in Kapitel 3.3 ermittelten überein. Anfängliche Schwierigkeiten traten lediglich dort auf, wo die Steigung der Düsenkontur gegen Null geht, also im Bereich von Extremwerten. Diese Ungenauigkeit konnte durch die Ableitung einer gesonderten DGL (analog Kapitel 4.5.4) für diesen speziellen Fall beseitigt werden.

Nachdem also mit Hilfe der Programme DUESAN und DUESMA die Umkehrbarkeit des Charakteristikenverfahrens nachgewiesen werden konnte, kann zur Berechnung der Strahlgrenze zwischen Primär- und Sekundärstrahl übergegangen werden.

Ausgehend von einer bekannten Stautemperatur T_t und einem Machzahl-Startwert an einem Punkt der Düsenkontur kann mit Hilfe des Programms MAKON der Machzahlverlauf längs der gesamten Sekundärkontur berechnet werden. Durch Einführung einer Massenintegration in das Programm DUESMA wird das vollständige Strömungsfeld des Sekundärkreises bestimmt. Da weder eine Anfangscharakteristik noch der Betrag der Stromfunktion an der Düsenkontur bekannt sind, läßt sich die Massenintegration nicht als Berechnung der Werte der Stromfunktion durchführen, wie es im Kapitel 3.3.1.4 geschah. Wohl ist hingegen der Massenstrom des Sekundärkreises bekannt: ist die gesamte Masse durch eine Charakteristik hindurchgetreten, so ist der Endpunkt dieser Charakteristik und damit ein zugehöriger Punkt der Strahlgrenze zwischen Zweit- und Erstkreis ermittelt. Bei Berechnung ist auf die Lage der Kontrollflächen zu achten; die Charakteristiken verlaufen auf gekrümmten Rotationsflächen.

Die sekundärseitigen Machzahlen in den Punkten der Strahlgrenze liefert das Charakteristiken-Programm. Die entsprechenden statischen Drücke lassen sich bei bekanntem Totaldruck leicht aus dem Energiesatz bestimmen.

Da der statische Druck beiderseits der Strahlgrenze zwischen Erst- und Zweitkreis jeweils gleiche Werte annimmt, lassen sich aus dem Totaldruck des Primärkreises nunmehr die primärseitigen Machzahlen in allen Punkten der Strahlgrenze errechnen.

Nach Berechnung des Strömungsfeldes der Primärdüse (vgl. Kapitel 4.3.2) ist somit eine Schubberechnung der vorliegenden Zweikreis-Düsenkonfiguration durchzuführen.

5. Auslegung idealer Düsen gleicher Baulänge für reales Brenngas (Mitteltemperaturbereich)

In den nachfolgenden Abschnitten wird aufbauend auf den Überlegungen der voraufgegangenen Kapitel 3.1 bis 3.4, in denen das Charakteristikenverfahren auf ein ideales Gas mit konstanten spezifischen Wärmen angewandt wurde, die Düsenberechnung für ein unterstöchiometrisches Brenngas (Kerosin/Luft) mit $c_p = f(T)$ ausgeführt. Wegen der begrenzten Speicherkapazität des Institutsrechners (PDP-7) wurden die Programme auf die CD 6400 am Rechenzentrum der RWTH Aachen zugeschnitten.

Dieses Fortranrechenprogramm dient zur Bestimmung von Düsenkonturen für unterschiedliche Austrittsmachzahlen (M_A = 1,2 bis 1,8), wobei als konstante Düsenlänge die axiale Erstreckung der für M_A = 1,8 ausgelegten idealen Düse gewählt wurde. Vor allem bezüglich des Schubes werden die Ergebnisse denen der idealen Düse gleicher Austrittsmachzahl gegenübergestellt.

Wollen durch eine Düse unterschiedliche Enthalpien abgebaut werden und bei den unterschiedlichen Düsendruckverhältnissen maximal mögliche Schübe herrschen, so muß jeweils Anpassung verwirklicht werden, d.h. die Geometrie die entsprechende Form einer idealen Düse annehmen. Dies kann für einen kleineren Bereich unterschiedlicher Druckverhältnisse durch mechanische Verstellung der Düsengeometrie erfolgen.

Ein größerer Verstellbereich des Flächenverhältnisses hingegen läßt sich nur durch gasdynamische Anpassung über einen Sekundärstrom verwirklichen. Dieser steuert das Flächenverhältnis des divergenten Primärstrahls und bewirkt eine weitgehende Anpassung der Düse. Die Baulänge der Düsenwand des Sekundärkreises wird gleich der Länge der idealen Düse für die maximale Austrittsmachzahl M_A = 1,8 gewählt; wird bis zu einer noch höheren Machzahl M_A Anpassung erwünscht, ist die Sekundärkontur entsprechend der idealen Düsenkontur noch zu verlängern. Für kleinere Austrittsmachzahlen verkürzt sich theoretisch die Länge der entsprechenden idealen Düse. Durch die feste Vorgabe der Sekundärkontur (mit dem Zweitmassenstrom) erhält der primäre Gasstrahl jedoch eine Führung über die gesamte Baulänge der Zweitkontur, wenn - wie beabsichtigt - die Primärdüse kurz hinter dem engsten Querschnitt abgeschnitten wird, da sie bei fester Geometrie des divergenten Teiles nur in <u>einem</u> Betriebspunkt schubobtimal arbeiten könnte. Somit ergeben sich für kleinere Austrittsmachzahlen M_A aus dem Primärkreis "Überlange" Düsenkonturen mit Parallelabströmung im Endquerschnitt der Sekundärummantelung ($p_A = p_0$). Von der Berechnung der Primärdüse als Parallelstrahldüse wird nicht abgewichen, weil ein idealer "Primärkonturverlauf"bezüglich der Effektivität der Strahlmischung ausreichend lange Mischwege garantiert.

Das Charakteristikenverfahren und seine Anwendung zur Düsenauslegung wurde in Kap. 3.3. ff bereits gezeigt. Für die weiteren Berechnungen wird als Strömungsmedium Brenngas mit $c_p = f(T)$ verwandt, das bei eingefrorener Strömung expandiert. Es wird also angenommen, daß sich die Brenngaszusammensetzung während der Expansion nicht ändert. Die Molmasse $\mathfrak{M}$ ist somit keine Funktion von Temperatur und Druck [$\mathfrak{M} \neq f$ (p, T)]. Diese Annahme kommt dem realen Fall sehr nahe, da sich die Temperaturen für die zu berechnenden Düsen zwischen 600 K und 1900 K bewegen, also im Mitteltemperaturbereich [19] liegen. In diesem Bereich tritt keine merkliche Dissoziation auf ($\mathfrak{M}$= konst); das Strömungsmedium kann als quasiideales Gas angesehen werden.

Ableitung und Berechnung der Anfangscharakteristik erfolgten bei Martensen-Sengbusch [15] unter Annahme isentroper Zustandsänderung. Es ist leicht nachzuweisen, daß die Isentropenbeziehung ($p.v^\varkappa$ = konst) für eine Düsenberechnung mit der Voraussetzung $c_p = f(T)$ nicht verwendet werden darf.

Düsenberechnung unter Berücksichtigung der Temperaturabhängigkeit der spezifischen Wärmen $c_p = f(T)$

Die allgemeingültige Beziehung für die spezifische Wärme eines realen Gases lautet:

$$c_p\ (p,\ T) = c_{p0}\ (T) - T \int_0^p \left(\frac{\partial^2 v}{\partial T^2}\right) dp \qquad (5.1)$$

Ein ideales Gas verhält sich wie ein reales Gas für $p \rightarrow 0$: $c_p\ (p,\ T) = c_{p0}(T)$.

Demzufolge berücksichtigt das zweite Glied in Gleichung (5.1) die Abweichungen vom Verhalten eines idealen Gases, die bei höheren Drücken besonders in Erscheinung treten. Eine Möglichkeit, $c_p = c_p(T)$ zu bestimmen, ergibt sich aus der statischen Mechanik und der Quantentheorie.

5.1 Die Anfangscharakteristik

Bis zur Anfangscharakteristik (also im hohen Unterschall und im Transschall) kann die Düsenströmung als eindimensional betrachtet werden, da bis hierher keine Strömungsgrößen, sondern ausschließlich thermische Zustandsgrößen interessieren. Über die vorher zu bestimmende Totalenthalpie vor der Düse h_{t3} werden kritische Temperaturen und kritischer Druck mit $M^* = 1$ exakt ermittelt, ohne daß über die Lage der kritischen Kurve ($M^* = 1$) in der Strömung eine Aussage gemacht wird. Da die Berechnung der Anfangscharakteristik nach [15] nicht auf den Daten der kritischen Kurve aufbaut, ist dies im übrigen auch nicht erforderlich.

Da die Anfangscharakteristik selbst nur für c_p = konst vorliegt, muß für die Düsenberechnung mit $c_p = f(T)$ eine vereinfachende Annahme gemacht werden:

Wir betrachten das k (= $\varkappa$; bei idealem Gas) der Anfangscharakteristik aus [15] als örtliches, für die gesamte Anfangscharakteristik konstantes k. Um nun aber die Annahme konstanten Verhältnisses der spezifischen Wärmen nicht auf die Expansion vor der Anfangscharakteristik auszudehnen, muß zunächst die Totalenthalpie h_{t3} unter Berücksichtigung von c_p = f(T) bestimmt werden. Sie muß so groß sein, daß sich bei isentroper Expansion genau jener k-Wert auf der Anfangscharakteristik einstellt, für den sie nach [15] bestimmt wurde. Wir setzen also voraus, daß sich ebenfalls für eine Düsenberechnung mit c_p = f(T) gleiche Lage und gleiche Machzahl für die Anfangscharakteristik ergeben. Dem gewählten k-Wert entspricht eine bestimmte Temperautr T_{CH}, die bei einem bestimmten h_{t3} wiederum nur an einer ganz bestimmten Stelle der Anfangscharakteristik auftritt. (Die Lage hängt von jener Machzahl ab, die für die Berechnung der Totalenthalpie angenommen wurde.)

Da für c_p = f(t) entsprechend den verschiedenen Machzahlen und damit den verschiedenen Temperaturen an der Kontur und auf der Achse unterschiedliche k-Werte auf der Anfangscharakteristik gelten würden, soll zumindest das vorgegebene k einen angenäherten Mittelwert für k_{Kontur} und k_{Achse} darstellen. Zu diesem Zweck wurde in die Gleichung zur Berechnung der Totalenthalpie

$$h_{t3} = h_{CH} + 1/2 . M^2_{cm} . k_{vorgegeb.} . R . T_{CH}$$

die Machzahl M_{cm} mit dem Zahlenwert 1,062 eingesetzt, wobei gilt:

$$M_{cm} = \frac{M_{c\ Kontur} + M_{c\ Achse}}{2}$$

Die Temperatur T_{CH} berechnet sich aus dem gegebenen k-Wert, die Enthalpie h_{CH} aus T_{CH} über ein Unterprogramm, das die Brenngaszusammensetzung bestimmt. Somit gilt diese Berechnung exakt nur für den Stromfaden, an dessen Schnittpunkt mit der Anfangscharakteristik M = M_{cm} = 1,062 herrscht.

Setzt man in den Fällen k = konst und k = f(T) gleiche Lage und gleichen Machzahlverlauf für die Anfangscharakteristik sowie gleiche Totalenthalpie h_{t3} nach der Verbrennung voraus, so ergeben sich aus den Abbildungen 47 und 48 (Temperatur- und Enthalpieverlauf auf der Anfangscharakteristik) folgende Abweichungen

$$k_m = k_{vorgegeben} \hat{=} 1{,}3 \neq f(T)$$
$$k_{max} = 1{,}300436 \hat{=} + 0{,}0336\ \%$$
$$k_{min} = 1{,}299566 \hat{=} - 0{,}0334\ \%$$

für den Temperaturverlauf

$$\Delta T_{max} = T_{k=konst} - T_{k=f(T)} = 0{,}2 \text{ grad} \hat{=} 0{,}01615\ \%$$

für den Enthalpieverlauf:

$$\Delta h_{max} = h_{k=f(T)} - h_{k=konst} = 0{,}11 \text{ kJ/kg} \hat{=} 0{,}008\ \%$$

(Die Werte für k = konstant wurden mit der Beziehung $T_t/T = 1 + 0{,}5\ (k-1)\ M^2$ - die nur für c_p = konst gilt - berechnet).

Da es sich bei dem vorliegenden Strömungsmedium um Brenngas handelt, kommen nur k-Werte kleiner 1,4 in Frage. Gewählt wurde die Anfangscharakteristik für k = 1,3, um die Ergebnisse dieser Rechnung mit denen aus Kap. 3.3 ff (c_p = konst) vergleichen zu können.

Die Berechnung der Temperatur T_{CH} ist schwierig, da T_{CH} neben k auch noch eine Funktion des Brennstoff-Luft-Verhältnisses β ist, das wiederum von der Brennstoffenthalpie, dem Eintrittszustand der Luft in die Brennkammer und der Totalenthalpie h_{t3} nach der Verbrennung abhängt. Die Lösung erfolgt iterativ.

Sobald Verbrennungsendtemperaturen >1800 K auftreten, ist mit einer stärkeren Dissoziation zu rechnen. Abhängig von der Verweilzeit wird sich dabei in der Düsenströmung chemisches Gleichgewicht oder eingefrorene Strömung einstellen. Den Untersuchungen liegt jedoch eine maximale Verbrennungstemperatur T_{t3} = 1452 K zugrunde, so daß keine merkliche Dissoziation auftritt.

5.2 Grundlagen für die Berechnung der Zustandsgrößen mit $c_p = f(T)$

Alle bei den Berechnungen auftretenden Zustandsänderungen verlaufen im sogenannten Mitteltemperaturbereich [19]. Der Mitteltemperaturbereich reicht von etwa 150 K bis 1600 K bei 0,01 bar, und von 500 K bis 1850 K bei 150 bar. Innerhalb dieser Grenzen des Zustandsdiagramms kann nach [19] das reale Gas wie ein quasiideales Gas (Brenngas = Gemisch idealer Gase) behandelt werden. Es gelten somit folgende Beziehungen:

- die Gasgleichung ($p.v = R.T$)
- $c_p = c_p(T) \neq c_p(p)$
- $k = \varkappa = f(T)$
- $\mathfrak{M}$ = konst (unveränderte Gaszusammensetzung)

Auf die Herleitung der Temperaturabhängigkeit der spezifischen Wärme, bei der thermisches Gleichgewicht (Boltzmann'scher Gleichverteilungssatz) vorausgesetzt wird, soll hier verzichtet werden.

5.2.1 Die Ermittlung von Enthalpie, spezifischer Wärme und Brennstoff/Luft-Verhältnis

Da i.a. keine stöchiometrische Verbrennung vorliegt, gilt für die Bestimmung des Brennstoff/Luft-Verhältnisses β, wenn wir beim vorliegenden Brenngas (Luft/Kerosin $C_{10}H_{20}$) die Komponenten N_2, CO_2, H_2O und Luft (= 2-atomig) berücksichtigen:

$$\beta = \frac{h_{t3L} - h_{t2L}}{-A_{CO_2} \cdot \eta_{BK} \cdot h_{t3CO_2} - A_{H_2O} \cdot \eta_{BK} \cdot h_{t3H_2O} - A_{N_2} \cdot \eta_{BK} \cdot h_{t3N_2} + \left[\eta_{BK} \cdot A_L - (1-\eta_{BK})\right] \cdot h_{t3L} + \eta_{BK} \cdot H_u + h_{tB}} \qquad (5.2)$$

mit $A_L = 14{,}720$ kg Luft

$A_{CO_2} = 3{,}146$ kg CO_2

$A_{H_2O} = 1{,}296$ kg H_2O

$A_{N_2} = 11{,}305$ kg N_2

Die Enthalpie des unvollständig verbrannten Brennstoffanteils $\dot{m}_B\ (1-\eta_{BK})$ wird näherungsweise gleich der für Luft (h_{t3L}) gesetzt. In Gleichung 5.2 sind folgende Einzel-Enthalpien einzusetzen ($T = T_{t3}$; $h = h_{t3}$):

$$h_{CO_2} = R_{CO_2} \cdot T \cdot \left[3{,}5 + \sum_{i=1}^{4} \frac{\Theta_i/T}{e^{\Theta_i/T} - 1}\right]$$

$$h_{H_2O} = R_{H_2O} \cdot T \cdot \left[4 + \sum_{i=1}^{3} \frac{\Theta_i/T}{e^{\Theta_i/T} - 1}\right]$$

$$h_{N_2} = R_{N_2} \cdot T \cdot \left[3{,}5 + \frac{\Theta_{N_2}/T}{e^{\Theta_{N_2}/T} - 1}\right]$$

$$h_L = R_L \cdot T \cdot \left[3{,}5 + \frac{\Theta_L/T}{e^{\Theta_L/T} - 1}\right]$$

Der Heizwert für Kerosin H_u beträgt $43{,}5608 \cdot 10^3$ kJ/kg$_B$. Die Gesamtenthalpie des Brennstoffs vor Eintritt in die Brennkammer wird über die Umgebungstemperatur T_0 berechnet:

$$h_{tB} = 1{,}88 . T_0 - 303 \text{ kJ/kg}_B$$

Nachdem β bekannt ist, kann nun die Brenngas-Enthalpie berechnet werden.

$$h_{Brenngas} = \Big\{ \beta (A_{CO_2} . \eta_{BK} . h_{CO_2} + A_{H_2O} . \eta_{BK} . h_{H_2O} + A_{N_2} . \eta_{BK} . h_{N_2}) + \\ + \left[\beta \ (1 - \eta_{BK}) + 1 - \beta . \eta_{BK} . A_L \right] . h_L \Big\} \ / (1 + \beta) \qquad (5.3)$$

Um β, h oder T = f(h) zu berechnen, werden die Gleichungen in einem Unterprogramm (BRENGA) aufgearbeitet.

Zur Ermittlung der spezifischen Wärme des Brenngases wird auf die Definition

$$c_p = \left(\frac{\partial h}{\partial T}\right)_p$$

zurückgegriffen, und mit Gleichung (5.3) $c_{pBrenngas}$ bestimmt

$$c_{p\ Brenngas} = \frac{dh_{Brenngas}}{dT}$$

Dazu müssen die Enthalpien der einzelnen Brenngaskomponenten differenziert werden; für Luft z.B. ergibt sich:

$$\frac{dh_{Luft}}{dT} = R_L . \left[3{,}5 + \frac{\Theta^2 . e^{\Theta/T}}{T^2 . (e^{\Theta/T} - 1)^2} \right] = L'$$

Die übrigen Komponenten-Ableitungen nach der Temperatur werden ebenso gebildet und mit C', H' und N' bezeichnet. Somit ergibt sich schließlich

$$c_{p\ Brenngas} = \frac{1}{1+\beta} \Big[\beta . \eta_C . (A_{CO_2} . C' + A_{H_2O} . H' + A_{N_2} . N') + \\ + \left\{ \beta \ (1 - \eta_C) + 1 - \beta . \eta_C . A_L \right\} \ . L' \Big] \qquad (5.4)$$

5.2.2 Berechnung der Temperatur aus vorgegebenem Isentropenexponenten

In der Veröffentlichung[15] von Martensen-Sengbusch liegen nur für k = 1,66/ 1,4/ 1,3/ 1,28571 tabellierte Werte der transsonischen Strömung vor. Für eine brenngasdurchströmte Düse sind allein k = 1,3 oder 1,28571 sinnvoll. Da sich jedoch für ein k = 1,28571 bei einem mittleren β = 0,03 auf der Anfangscharakteristik eine Temperatur T = 1700 K einstellte und die Totaltemperatur noch um ca. 200 K höher läge, würde der Mitteltemperaturbereich verlassen.

Bei Verwendung von k = 1,3 tritt dies nicht auf. In diesem Fall wird ein Bereich von β = 0,01 ($\hat{=}$ Luftverhältnis λ = 6,79) mit T = 1650 K bis β = 0,06 ($\hat{=}$ λ = 1,131) mit T = 992 K überstrichen, wie aus Abb. 49 hervorgeht. Mit dem gewählten k = 1,3 ist nun die zugehörige Temperatur T_{CH} zu berechnen.

Aus der Beziehung $k = c_p/(c_p - R)$ ergibt sich mit β = konst und R = konst [$R = f(\beta, \eta_C)$] ein erster Näherungswert für c_p (=1246,87 J/kg K). Da eine explizite Berechnung der Temperatur aus Gleichung (5.4) nicht möglich ist, wird als Näherungsverfahren die Regula Falsi angewandt. Durch Nullpunktverschiebung um den Sollwert läßt sich zu einem gegebenen c_p-Wert die entsprechende Temperatur T ermitteln:

$$\text{Aus } x_s = x_2 - y_2 \cdot \frac{x_2 - x_1}{y_2 - y_1}$$

$$\text{mit } y = c_p - c_{pCH} \text{ und } x = T$$

$$\text{folgt } T_s = T_2 - (c_{p2} - c_{pCH}) \frac{T_2 - T_1}{c_{p_2} - c_{p_1}} \qquad (5.5)$$

Als Voraussetzung für die Anwendung der letztgenannten Gleichung müssen die Bedingungen

$$c_{p_2} - c_{pCH} > 0$$

$$c_{p_1} - c_{pCH} < 0$$

erfüllt sein.

Aus Gleichung (5.2) geht hervor, daß das Brennstoff/Luftverhältnis von verschiedenen Parametern anhängt:

$$\beta = f\,(T_{t3},\ \eta_{BK},\ h_{tB},\ h_{t2},\ \text{Stoffkonstanten})$$

Um für die Anfangscharakteristik angenähert die gewünschte Temperatur T_{CH} zu erhalten, wird mit Hilfe der Abb. 49 ein passender 1. Iterationswert für β bestimmt. Mit diesem β-Wert wird über die Regula Falsi T_{CH} errechnet und über das Brenngasprogramm (mit der Energiegleichung) die Temperatur T_{t3}. Aus dieser Temperatur folgt mit dem ebengenannten Programm (BRENGA) ein neues β, das iterativ angenähert wird.

5.3 Beziehungen zur Berechnung im Programm benötigter Größen unter Berücksichtigung von $c_p = f(T)$

Zur Berechnung des kritischen Querschnitts wird von der Kontinuitätsgleichung ausgegangen ($\dot{m} = A^* . \rho^* . c^*$) und es bestimmt sich der Halsquerschnitt A^* zu:

$$A^* = \frac{\dot{m}}{\rho^*} \sqrt{\frac{R . T^* \left[c_p\,(T^*) - R\right]}{c_p\,(T^*)}}$$

Die Massenstromdichte Θ_A wird im wesentlichen zur Ermittlung des dimensionslosen Längenparameters $1/y_A$ und des Düsenaustrittquerschnittes A_A benötigt

$$\Theta_A = \frac{\rho_A . c_A}{\rho^* . c^*}$$

$$\rightarrow \Theta_A = \frac{p_A \cdot M_A}{p^*} \sqrt{\frac{k_A \cdot T^*}{k^* \cdot T_A}} = \frac{A^*}{A_A}$$

$$\text{mit } k_A = c_p\,(T_A) / \left[c_p\,(T_A) - R\right]$$

Um die Machzahl M in die kritische Machzahl M^* zu überführen, geht man von der Definition der kritischen Machzahl aus

$$M^* = c/a^*$$

und erhält:

$$M^* = M. \sqrt{\frac{c_p\,(T).T}{\left[c_p\,(T) - R\right] \cdot k^* .T^*}}$$

k^* = örtlicher (nicht mittlerer) Isentropenexponent

Bei dieser Umrechnung ist zu beachten, daß die Temperatur T erst bei bekannter Machzahl M zu bestimmen ist. Es ist also eine Iteration erforderlich; als erste Näherung wird das M aus der Beziehung für c_p = konst genommen:

$$M = M^* / \sqrt{\frac{k+1}{2} - \frac{k-1}{2} M^{*2}}$$

In dieser Beziehung ist mit k der Isentropenexponent für die Anfangscharakteristik (k = 1,3) gemeint.

Zur Festlegung der Düsenkontur ist der Massenstrom längs der betrachteten Charakteristik zu integrieren. Unter der vereinfachten Voraussetzung c_p = konst, galt:

$$\Delta\Psi_{STRL} = \sqrt{\frac{2.y_m}{1} \frac{\rho_m . a_m}{\rho^* . a^*} \left(M_{xm} . \frac{\Delta y}{1} - M_{ym} \frac{\Delta x}{1}\right)}$$

Um auch für $c_p = f(T)$ gültig zu sein, ist allein der Faktor $\rho_m . a_m / (\rho^* . a^*)$ abzuändern. Mit Gasgleichung und Definition der Schallgeschwindigkeit ergibt sich

$$\frac{\rho_m \cdot a_m}{\rho^* \cdot a^*} = \frac{p_m}{p^*} \sqrt{\frac{c_p\,(T_m) \cdot T^*}{k^* \cdot T_m \cdot \left[c_p\,(T_m) - R\right]}} \qquad (5.6)$$

Unbekannt sind in dieser Gleichung die mittleren Zustandsgrößen zwischen den Punkten (i) und (i+1) einer Charakteristik. Sie werden aus der mittleren Machzahl M_m bestimmt

$$M_m = \frac{M_i + M_{i+1}}{2}$$

T_m ist direkt aus der mittleren Machzahl, p_m durch Einsetzen von T_m, T_{t3} und p_{t3} zu gewinnen.

Der lokale Schub in einem beliebigen Düsenquerschnitt setzt sich aus Impuls- und Druckanteil zusammen. Für den Impulsanteil läßt sich (bei Vernachlässigung der Zuströmgeschwindigkeit zur Düse) in differentieller Form schreiben:

$$dF_i = d\dot{m} \cdot c$$

$$\text{mit } d\dot{m} = \rho \cdot c \cdot dA$$

$$\text{und } dA = 2\,\pi\, y \cdot dy \text{ (Ringflächenelement)}$$

$$\rightarrow dF_i = 2\,\pi\,\rho \cdot c^2 \cdot y \cdot dy$$

Der gesamte Impulsschub wird aus der Summe der endlichen Differenzen gebildet; auf den Gesamtschub der angepaßten Düse F_{AP} bezogen, lautet er:

$$\frac{F_I}{F_{AP}} = \sum^{i} \frac{2\,\pi\,\rho_{mi} \cdot c^2_{mi} \cdot y_{mi} \cdot \Delta y_i}{\pi \cdot \rho_A \cdot c^2_A \cdot y^2_A}$$

c_m = axiale Geschwindigkeitskomponente

Betrachtet man eine Einzeldifferenz

$$\frac{\Delta F_I}{F_{AP}} = \frac{\rho_m}{\rho_A} \cdot \left(\frac{c_m}{c_A}\right)^2 \cdot \frac{2y_m}{y_A} \cdot \frac{\Delta y}{y_A} \, ,$$

so lassen sich die Quotienten wie folgt ausdrücken

$$\frac{\rho_m}{\rho_A} \cdot \left(\frac{c_m}{c_A}\right)^2 = \frac{p_m \cdot M^2_{xm} \cdot k_m}{p_5 \cdot M_5^2 \cdot k_5}$$

$$\frac{2 \cdot y_m}{y_A} = \frac{y_i}{y_A} + \frac{y_{i+1}}{y_A}$$

$$\frac{\Delta y}{y_A} = \frac{y_{i+1} - y_i}{y_A}$$

$$\rightarrow \frac{\Delta F_I}{F_{AP}} = \frac{p_m \cdot M^2_{xm} \cdot k_m \cdot 2y_m \cdot \Delta y}{p_5 \cdot M^2_5 \cdot k_5 \cdot y_A^2} \qquad (5.7)$$

Dabei wird M_{xm} wie folgt gebildet:

$$M_{xm} = \sqrt{\frac{M^2_{xi} + M^2_{x(i+1)}}{2}}$$

$$M_{xi} = M_i \cdot \cos \Theta_i$$

$$M_{x(i+1)} = M_{i+1} \cdot \cos \Theta_{i+1}$$

Die Berechnung des Druckgliedes des Schubes erfolgt analog:

$$dF_p = (p - p_5) \cdot dA$$

$$\frac{\Delta F_p}{F_{AP}} = \frac{2\,\pi \cdot y_m \cdot \Delta y \cdot p_5\,(p_m/p_5 - 1)}{\pi \cdot y^2{}_A \cdot c_A{}^2 \cdot \rho_A}$$

$$\rightarrow \frac{\Delta F_p}{F_{AP}} = (\frac{p_m}{p_5} - 1) \cdot \frac{1}{M^2{}_5 \cdot k_5} \cdot \frac{2\,y_m}{y_A} \cdot \frac{\Delta y}{y_A} \qquad (5.8)$$

Das erstellte Hauptprogramm berechnet die Strömung durch eine Überschalldüse mit Hilfe des Charakteristikenverfahrens; Strömungsmedium ist ein unterstöchiometrisches Brenngas aus der Verbrennung von Kerosin mit Luft [$c_p = f(T)$, keine Dissoziation].

Bestimmt werden der Schub (Impuls- und Druckanteil), die absolute Temperatur und der Druck längs der Kontur. Die M^*- Verteilung auf der Achse wird vorgegeben durch ein Polynom 3. bzw. 5. Grades oder durch eine Parabel n-ten Grades.

Die Durchführung der Rechnung soll vor allem zeigen, ob bei Berücksichtigung der Abhängigkeit der spezifischen Wärmen von der Temperatur bei thermodynamischen und daraus folgenden geometrischen Größen wesentliche Änderungen zu erwarten sind.

5.4 Machzahlverteilung und "Längenänderung" einer angepaßten Düse

Das für höhere Machzahlen (z.B. $M_A = 2$) große Auslegungsflächenverhältnis verursacht bei niedrigen Flugmachzahlen (also entsprechend niedrigeren Austrittsmachzahlen) starke Überexpansionsverluste bei Düsen fester Geometrie. Durch den Sekundärstrom einer Zweitkreisdüse, welche die Primärdüse umfaßt, soll der Primärstrom so beeinflußt werden, daß er im jeweils angepaßten Zustand die Düsenkonfiguration verläßt. Der primäre Abgasstrahl - der jetzt im divergenten Teil nicht mehr durch eine feste Wand geführt ist - wird so geformt, daß die Strahlgrenze zwischen Abgasstrahl und Sekundärstrom entsprechend der Kontur einer (für die betreffende Austrittsmachzahl) angepaßten

Düse verläuft.

Die Länge der Sekundärkreiskontur wird durch die gewünschte maximale Austrittsmachzahl des primären Abgasstrahls bestimmt, der als angepaßter Parallelstrahl die Düsenkonfiguration verlassen soll. Die Länge der Sekundärkontur liegt damit fest. Es fragt sich jedoch, ob es ideale Düsen konstanter Länge für unterschiedliche Austrittsmachzahlen gibt, die nach dem Charakteristikenverfahren zu berechnen sind.

Die einzige Möglichkeit zur Beeinflussung der Düsenlänge bietet die Machzahlvorgabe auf der Achse. Lediglich die Länge des Intervalls "Fußpunkt der Anfangscharakteristik/ Punkt C $(\tilde{x}_A/y_A;0)$" - der Machzahlverlauf ist hierin durch eine Verteilungsfunktion gegeben - kann in gewissen Grenzen frei gewählt werden. Bei einer Parallelstrahldüse für $M_A = 1{,}2$ beträgt die Intervallänge 60 bis 70% der gesamten Düsenlänge.

5.4.1 Die Bestimmung der divergenten Primärdüsenkontur konstanter Länge

Die Entwicklung eines an die transsonische Düsenkontur anschließenden divergenten Teiles durch Machzahlvorgabe auf der Düsenachse ist mit Schwierigkeiten verbunden. Um die Grenzschicht nicht negativ zu beeinflussen, müssen Krümmungssprünge vermieden werden. Weiterhin müssen bei Vorgabe der Machzahlverteilung M^* auf der Achse des Überschallgebietes mehrere Randbedingungen erfüllt sein:

1. Die Achsmachzahlverteilung muß an die transsonische Anfangsbedingung anschließen
2. Die Verteilungsfunktion muß im Punkte B (s. Skizze Seite 105) mit stetiger Tangente anschließen
3. Die Machzahlverteilung muß an die im Punkt C $(\tilde{x}_A/y_A;0)$ erreichte kritische Endmachzahl anschließen:

$$M^* (\tilde{x}_A/y_A;0) = M_A^*$$

4. Auch im Punkt C muß der Übergang mit stetiger Tangente erfolgen:

$$\left.\frac{\partial M^*}{\partial (x/y_A)}\right|_{\frac{x}{y_A} = \frac{\tilde{x}_A}{y_A},\; \frac{y}{y_A} = 0} = 0 \qquad (5.10)$$

Die Bedingungen 3. und 4. erzeugen einen Konturverlauf, der zu paralleler Abströmung aus der Düse führt.

5. Die Funktionen $M^* = f\ (x/y_A)$ muß im Intervall A zwischen x_C/y_A bis $\tilde{x}_A/y_A$ konvex (nach oben) gekrümmt sein

$$f''\ (x) < 0 \text{ im gesamten Intervall A}$$

$$f\ (x_2) \geq f\ (x_1)$$

5.4.2 Polynom 3.- und 5.- Grades als Verteilungsfunktion

Die für die Aufstellung des Gleichungssystems zur Bestimmung der Verteilungsfunktion erforderlichen Größen x_C/y_A und $\tilde{x}_A/y_A$ sind abhängig vom dimensionslosen Längenparameter l/y_A, der Austrittsmachzahl M_A, der Wandkoordinate der Scheitellinie x_S/y_{AW} und der in gewissen Grenzen frei wählbaren dimensionslosen Düsenlänge L_D/y_A. Mit M_A und der Wahl der Stromlinie sind l/y_A und x_S/y_{AW} vorgegeben. Die Wahl von L_D/y_A legt die Länge des Intervalls A fest.

Löst man das für ein Polynom 3. Grades erstellte Gleichungssystem vierer Bestimmungsgleichungen auf, so ergibt sich die Darstellung in Abb. 50.

Wird L_D zu klein gewählt, zeigt sich eine unerwünschte Zunahme der Konturkrümmung (Gefahr der Strömungsablösung). Ein zu großes L_D bedeutet vorzeitiges Überschreiten von M_A^* und damit eine sich zum Austritt wieder verengende Düse: Für eine konstante Düsenlänge L_D überschreitet bei einem Polynom 3. Grades die Machzahlverteilung die kritische Austrittsmachzahl, und zwar bei M_A = 1,3 und 1,2. Die für jede Machzahl unterschiedlichen Werte x_A/y_A in Abb. 50 sind darauf zurückzuführen, daß nicht $M^* = f(x)$ sondern $M^* = f\ (x/y_A)$ in der Abbildung aufgetragen ist.

Auch das Polynom 5. Grades, dem weitere Randbedingungen zugrunde liegen, stellt keine geeignete Verteilungsfunktion, wie Abb. 51 klar aus dem Überschwingen bei M_A = 1,2 und 1,3 erkennen läßt.

5.4.3 Parabel n-ten Grades als Verteilungsfunktion

Als mögliche Verteilungsfunktion unter Berücksichtigung der Randbedingungen 1 bis 4 von Seite 100/101 bietet sich eine Parabel n-ten Grades an

$$f\ (x) = a_0\ (a_1 - x)^{a_2} + a_3$$

$$\rightarrow M^*(x/y_A) = a_0\ (a_1 - x/y_A)^{a_2} + a_3 \qquad (5.11)$$

$$\rightarrow \frac{dM^*}{d\ (x/y_A)} = -\ a_0 . a_2 . (a_1 - x/y_A)^{a_2 - 1}$$

Die Randbedingungen [vgl. Kap. 5.4.1] lauten:

1. $M_C^* = a_0\ (a_1 - x_c/y_A)^{a_2} + a_3$ (5.12)

2. $y_A/l = -\ a_0 . a_2\ (a_1 - x_c/y_A)^{a_2 - 1}$ (5.13)

$$3.\ M_A^* = a_0 (a_1 - x_A/y_A)^{a_2} + a_3 \qquad (5.14)$$

$$4.\ 0 = - a_0 . a_2 (a_1 - \tilde{x}_A/y_A)^{a_2 - 1} \qquad (5.15)$$

Für $a_0 \neq 0$ und $a_2 \neq 0$ folgt aus Gleichung (5.15):

$$a_1 = \tilde{x}_A/y_A$$

Durch Einsetzen bestimmen sich die weiteren Koeffizienten zu

$$a_3 = M_A^*$$

$$a_2 = \frac{\tilde{x}_A/y_A - x_C/y_A}{(M_A^* - M_C^*) . 1/y_A} \qquad (5.16)$$

$$a_0 = \frac{M_C^* - M_A^*}{(\tilde{x}_A/y_A - x_C/y_A)^{a_2}}$$

Um imaginäre Werte zu vermeiden, ist der Definitionsbereich der Parabel zu beschränken:

$$\frac{x}{y_A} \leq a_1 = \frac{\tilde{x}_A}{y_A}$$

Die fünfte Randbedung lautet:

$$f'' (x) = a_0 . a_2 (a_2 - 1) . (a_1 - x/y_A)^{a_2 - 2} \leq 0$$

$$\text{mit } x/y_A \leq a_1$$

Als einzige Bedingung zur Erfüllung der Randbedingung 5 muß

$$a_2 \geq 1$$

sein, da a_2 nach Gleichung (5.16) immer positiv $\left[M_A^* > M_C^*; (\tilde{x}_A/y_A) > (x_C/y_A)\right]$, und a_0 aufgrund der nach unten geöffneten Parabel negativ ist.

Abb. 52 zeigt den Parabel-Ansatz n-ter Ordnung als geeignete Verteilungsfunktion für M^* (x/y_A). Trotz Überlänge des Intervalls A (= $\tilde{x}_A/y_A$ - x_C/y_A) überschreitet die Machzahlverteilung nicht die kritische Austrittsmachzahl. Wie aus Abb. 50 und 51 geht auch aus Abb. 52 hervor, daß bei stärkerer Abnahme der dimensionslosen Koordinate x_A/y_A der Wert für $\tilde{x}_A/y_A$ fast konstant bleibt. Dies bedeutet für die dimensionsbehaftete Darstellung eine Zunahme der Intervallänge A bei Verringerung der Austrittsmachzahl, da sich der Mach'sche Winkel, den die letzte Charakteristik mit der Düsenachse bildet, vergrößert.

Abb. 53 zeigt für alle drei untersuchten Verteilungsfunktionen die Wahl der Düsenlänge bei M_A = 1,8 und M_A = 1,2. Für beide Machzahlen verläuft die Parabel von allen Funktionen am flachsten.

Daß der Ansatz für die Verteilungsfunktion durch ein Polynom 5. Grades zum "Überschwingen" führt, demonstriert Abb. 54 für die Austrittsmachzahl M_A = 1,2.

Aus Randbedingung 2 (Seite 100) folgt:

$$\left.\frac{\partial M^*}{\partial (x/y_A)}\right|_{\frac{x}{y_A} = \frac{x_C}{y_A}} = \frac{y_A}{1} = \tan\gamma$$

Nach folgender Skizze

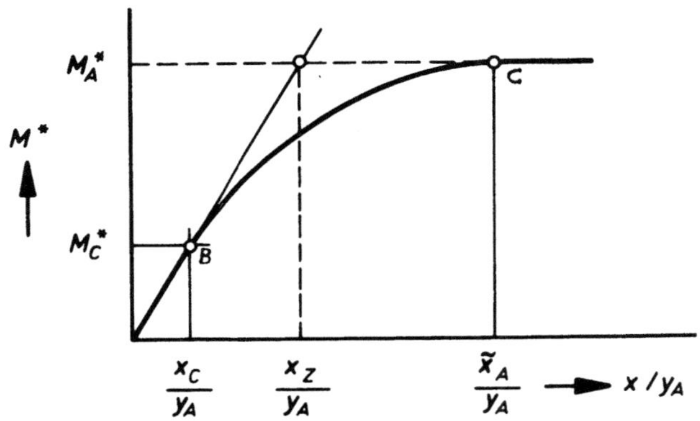

gilt:

$$\frac{y_A}{1} = \frac{M_A^* - M_C^*}{y_z/y_A - x_C/y_A}$$

$$\rightarrow \frac{x_z}{y_A} = 1/y_A \; (M_A^* - M_C^*) + x_c/y_A$$

Um den Übergang ohne Knick zu gewährleisten, muß $\tilde{x}_A/y_A > x_Z/y_A$ sein. Nach einigen Umrechnungen ergibt sich eine kürzeste Baulänge für ideale Düsen:

$$\frac{L_D}{y_A} > \frac{x_A}{y_A} - \frac{x_{SW}}{y_A} = \frac{\tilde{x}_A - x_{SW}}{y_A} + \sqrt{M^2{}_A - 1}$$

$$\rightarrow \frac{L_D}{y_A} > \frac{x_c - x_{SW}}{y_A} + \frac{1}{y_A}\,(M_A^* - M_C^*) + \sqrt{M^2{}_A - 1}$$

Aus Abb. 55 entnimmt man, daß selbst diese gravierende Einschränkung noch eine Baulängenkürzung um 15 % gestattet.

5.5 Diskussion der Ergebnisse

5.5.1 Erhöhung der Punkte auf der Anfangscharakteristik

Durch die große Speicherkapazität der Rechenanlage CD 6400

war es möglich, die Punkte des Charakteristikennetzes von 450 auf 4050 zu steigern (Anfangscharakteristik 49 statt 13 Werte). Es hat sich jedoch gezeigt, daß dieser Aufwand nicht lohnt. Allein im Bereich der stärksten Konturkrümmung (Θ_{max}) ist eine sehr geringe Abweichung feststellbar.

5.5.2 Vergleich der Düsenberechnungen mit c_p = konst und $c_p = f(T)$

Der erhebliche Mehraufwand für eine Düsenberechnung mit temperaturabhängigen spezifischen Wärmen wirft die Frage auf, ob der Aufwand durch genauere Ergebnisse gerechtfertigt ist.

Für eine Düse mit nachstehenden Daten

$M_A = 1{,}7$ $\quad p_5 = 1{,}033$ bar

$\dot{m} = 1$ kg/sec $\quad L_D/y_A = 4{,}42$ = konst

$T_{t3} = 1452$ K

wurde folgendes festgestellt:

Für $c_p = f(T)$ liegt ein um $\Delta p_{t3}/p_5 = 0{,}16$ höheres Druckverhältnis vor. Es verwundert daher zunächst, daß der Austrittsquerschnitt bei $c_p = f(T)$ kleiner ist als für c_p = konst. Da jedoch der engste Querschnitt bei $c_p = f(T)$ überproportional im Vergleich zur Differenz der Austrittsquerschnitte abnimmt, wird ein größeres Öffnungsverhältnis A_A/A^* verwirklicht, um das größere Druckverhältnis abzubauen. Der kleinere Radius des Austrittsquerschnittes kommt anschaulich in Abb. 56 zum Ausdruck.

Abb. 57 stellt für M_A = 1,7 und 1,2 den Verlauf der kritischen Machzahl längs der Düsenachse dar. Unterschiede in der Anschlußmachzahl M_A^* gehen auf die veränderte Berechnung bei $c_p = f(T)$ zurück.

Wie stark die Konturen für $c_p = f(T)$ und c_p = konst voneinander abweichen, zeigt Abb. 58 für eine Parallelstrahldüse der Austrittsmachzahl $M_A = 1{,}7$. In der Nähe des engsten Querschnitts differieren die Werte am stärksten. Die Abweichungen erklären sich aus den bei thermodynamischer Durchrechnung veränderten Daten für y_A und y^*(vgl. frühere Abb. 56). Damit erklärt sich auch die unterschiedliche Endkoordinate x_A/y_A, die bei $c_p = f(T)$ um 0,2 Einheiten größer ist. Da sich aber die Konturen mit zunehmendem x/y_A dem Zahlenwert 1 nähern, ergibt sich entsprechend dem steileren Anstieg der Kontur bei $c_p = f(T)$ auch ein größeres Θ. (Abweichung im Θ-Verlauf um das Maximum herum sichtbar).

In Abb. 56 sind die Konturverläufe [$y = f(x)$] vergrößert dargestellt. Hier zeigt sich, daß die mit $c_p = f(T)$ berechnete Düse einen um etwa 2/10 kleineren Radius besitzt und um 0,38 mm kürzer ist als die unter der Voraussetzung konstanter spezifischer Wärme gerechnete Düsenkontur.

Der Temperaturverlauf ist in Abb. 59 längs der Kontur aufgetragen. Kurz hinter dem Halsquerschnitt liegt die statische Temperatur (nach c_p = konst gerechnet) um etwa 2 Grad niedriger als nach der Berechnung mit $c_p = f(T)$. Zum Düsenende hin jedoch sinkt $T_{c_p = f(T)}$ stärker ab; am Austritt aus der Düse liegt $T_{c_p = \text{konst}}$ um 4 Grad über $T_{c_p = f(T)}$.

5.5.3 Parallelstrahldüsen mit unterschiedlichen Baulängen

Trägt man für $c_p = f(T)$ Konturen von Düsen unterschiedlicher Machzahl auf, so bemerkt man, daß mit abnehmender Machzahl engster Querschnitt und Endquerschnitt größer werden. Das überrascht zunächst. Betrachtet man die Gleichung für den engsten Querschnitt einer Düse

$$A^* = \frac{\dot{m}}{p^*}\sqrt{\frac{R_G T^*}{k^*}},$$

so stellt man fest, daß bei folgenden Bedingungen

h_{t3} = konst $\dot{m}$ = konst (vorgegeben)
$\rightarrow T^*$ = konst R_G = konst (β = konst)
k^* = konst (T^*/β = konst)

A^* nur dann unverändert konstant bliebe, wenn p^* = konst wäre. Dies ist nicht denkbar, da M_A eine Funktion des Druckverhältnisses p_t/p_5 und damit variabel ist. Da der Umgebungsdruck p_5 festliegt, muß sich zur Variation der Machzahl M_A der Totaldruck p_{t3} ändern. Ändert sich bei konstanter Totalenthalpie aber T_{t3}, so ändert sich p^* und damit $1/p^* \cdot \sqrt{T^*/k^*}$. Der engste Querschnitt A^* und damit der Endquerschnitt A_A bleiben somit nicht konstant.

In Abb. 60 werden die mit erhöhter Austrittsmachzahl stark abnehmenden Endtemperaturen sichtbar. Für die interessierenden Düsenlängen ergibt sich für M_A = 1,3 eine deutliche Abweichung von ca. 3,5 K ($\hat{=}$ 0,3 %). Für M_A = 1,2 und 1,6 beträgt die Temperaturdifferenz maximal 2 Grad.

Abb. 61 verdeutlicht, daß entsprechend der kürzeren Baulänge $L_D = L_{D\ ideal}$ Temperatur und Druck für M_A = 1,2 und 1,3 schneller abfallen als für eine Düse mit der Baulänge $L_D > L_{D\ ideal}$. Die größte Abweichung ergibt sich wieder für M_A = 1,3 mit etwa 0,013 bar $\hat{=}$ 1,26 %.

5.5.4 Schubverlauf

Obgleich den Berechnungen ausschließlich Parallelstrahldüsen im Anpassungszustand (= ideale Düsen) zugrunde liegen, also maximal möglicher Schub F_{AP} erzeugt wird, ist der Schubaufbau aus Impuls- und Druckanteil längs der Düse von Wichtigkeit. Die Schubbetrachtungen wurden unter Annahme konstanter spezifischer Wärme durchgeführt, da nach den Ergebnissen von Abb.'n 56, 58, 59 nur sehr geringe Differenzen gegenüber $c_p = f(T)$ zu erwarten sind, und zum andern die Tendenz in den

Schubverläufen von größerem Interesse ist als der absolute Wert des Schubes F = f(x).

Es wird festgestellt, daß der Schub F/F_{AP} einer Düse der Länge $L_D > L_{D\ ideal}$ für M_A = 1,2 nahezu genau so schnell mit zunehmendem x/y_A ansteigt wie bei einer Düse idealer Länge ($L_D = L_{D\ ideal}$). Wegen der relativ großen Differenz von $L_D - L_{Dideal}$ bei M_A = 1,2 kommt dies besonders deutlich zum Ausdruck.

Bei einer für eine größere Austrittsmachzahl M_A ausgelegten Düse (z.B. M_A = 1,4 in Abb. 62) geht dieser Effekt zurück. Für M_A = 1,4 mit L_D = konst = 12,4 cm ist der Gesamtschub auf halber Düsenlänge um 1% niedriger als der Schub der idealen Düse.

In Abb. 63 wird der Schubverlauf für M_A = 1,8 und M_A = 1,2 bei L_D = konst einander gegenübergestellt. Wir ersehen, daß der Schub für eine Austrittsmachzahl M_A = 1,2 bei einer Verkürzung der Düse um 50 % etwa um 0,1 % abfällt, bei M_A=1,8 jedoch um 7,5 %.

Die voraufgehenden Ergebnisse lassen eine Berechnung der gesamten Düsenströmung mit c_p = f(T) nicht erforderlich erscheinen.

Zur beabsichtigten Bestimmung der Diskontinuitätsfläche zwischen Primär- und Sekundärströmung (Mischzonenbreite → 0) - wobei der Primärstrahl kontinuierlich als parallelabströmend im Austrittsquerschnitt der gasdynamisch angepaßten Düse betrachtet wird - ist die Halsquerschnittsfläche wegen konstanter Geometrie mit A^* = konst ins Rechenprogramm einzugeben.

6. Bestimmung der Grenzschichtdicke und des Geschwindigkeitsprofils in der Umgebung des Düsenhalsquerschnittes

6.1 Problemstellung

Das Problem der gasdynamischen Anpassung der Schubdüse eines

TL-Triebwerkes an einen sich im Fluge ändernden Umgebungsdruck beruht auf der gegenseitigen Beeinflussung zweier turbulenter Strahlen. Um die Austauschvorgänge in der Berührungszone beider Gasstrahlen - der sogenannten Mischungszone - bestimmen zu können, ist als eine wesentliche Voraussetzung die Kenntnis der Geschwindigkeitsprofile einschließlich der Grenzschicht beider Teilströme vor dem Zusammenfließen erforderlich.

Um bei der geometrischen Gestaltung von Primär- und Sekundärummantelung (Zweitdüse) möglichst flexibel zu sein, wird ein Rechenprogramm erstellt, das unter Verwendung der Verfahren von Oswatitsch-Rothstein und Walz II die Berechnung der Geschwindigkeitsprofile wie auch der Grenzschichten in einem rotationssymmetrischen Strömungskanal beliebiger Kontur sowohl bei Unterschall- als auch bei Überschallgeschwindigkeit erlaubt.

Im folgenden wird für das Beispiel einer Austrittsmachzahl M_A = 1,5 der Einfluß verschiedener rotationssymmetrischer konvergenter Düsenteilgeometrien auf die Grenzschichtentwicklung in einer konischen und einer Parallelstrahldüse verglichen. Die Daten der Zuströmung werden dabei konstant gehalten.

Von besonderem Interesse sind Geschwindigkeitsprofile und Grenzschichtdicken im Nahbereich des engsten Querschnitts A^*. Im Rahmen der Untersuchung über die Möglichkeit der Anpassung von Schubdüsen an unterschiedliche Betriebsbedingungen eines Strahltriebwerks fester Geometrie soll in diesem Kapitel die Geschwindigkeitsverteilung und der Verlauf der Grenzschichtdicke innerhalb einer Schubdüse berechnet werden.

Um bei jedem Betriebszustand des Triebwerks eine Expansion in der Schubdüse ohne Verdichtungsstoß und ohne Nachexpansion - und damit immer den maximal möglichen Schub - zu gewährleisten, müßte man die Düsengeometrie konstruktiv variabel gestalten, was jedoch den Bauaufwand stark erhöhen würde. Es soll nun untersucht werden, ob es möglich ist, die hinter der engsten

Stelle endende Primärschubdüse mit einer Ringdüse fester Geometrie, die die Primärdüse ummantelt, so anzuordnen, daß der Gasstrom der Ringdüse die Aufgabe der zur vollen Expansion des Gasstromes der Primärschubdüse fehlenden Wandung übernimmt. Eine Anpassung der Primärschubdüse an verschiedene Betriebszustände des Triebwerks soll somit durch Veränderung des Strömungszustandes in der Ringdüse erfolgen.

Um Ausgangsdaten für die Untersuchung dieser Anpassung zu erhalten, müssen zunächst Geschwindigkeitsverteilung und Grenzschichtdicke der Primärdüse und des Sekundärkanals berechnet werden. Die folgenden Darstellungen umfassen ausschließlich Überlegungen und Berechnungen zur Primärdüse.

6.2 Theoretische Grundlagen

6.2.1 Einführung

Das Navier-Stokes'sche Differentialgleichungssystem stellt eine physikalisch exakte Beschreibung jedes denkbaren strömungstechnischen Problems dar. Für besonders einfache Aufgabenstellungen sind Lösungen dieser Differentialgleichung bekannt, für die meisten technisch wichtigen Probleme muß man jedoch auf anderen Wegen zu einem Ergebnis kommen. Daher wendet man das folgende, zuerst von L. Prandtl vorgeschlagene Verfahren an. Die Strömung wird so betrachtet, als ob sie aus zwei Teilen zusammengesetzt sei und zwar aus Potentialströmung und Grenzschicht.

Eine Grenzschicht bildet sich entlang jeder festen Strömungsberandung aus, wobei die Ausdehnung dieser Schicht senkrecht zur Wand verhältnismäßig gering ist. Innerhalb der Grenzschicht steigt die Geschwindigkeit wegen der Haftbedingung an der Wand vom Wert Null auf den vollen Wert der ungestörten Außengeschwindigkeit an. Es wird vorausgesetzt, daß sich die Zähigkeit der Strömungsmedien nur innerhalb der Grenzschicht merkbar auswirkt, Reibungsverluste also hauptsächlich in der Grenzschicht auftreten. Der verbleibende - in der Ausdehnung sehr viel größere - Anteil der Strömung wird im folgenden als Potentialströmung bezeichnet. Der Reibungseinfluß ist hier vernachlässigbar klein und die Strömungsteilchen bewegen sich daher in einem Potentialfeld der Druck- und Massenkräfte.

Durch diese Betrachtungsweise, deren Berechtigung durch das Experiment in vollem Umfang bestätigt wurde, gelingt es, das Problem der Vorausberechnung einer Strömung in zwei Teilprobleme aufzuspalten. Aus der geringen Dicke der Grenzschicht folgt, daß einige Glieder der Navier-Stoles'schen Gleichungen vernachlässigbar klein sind; es entsteht die Prandtl'sche Grenzschichtgleichung:

$$\rho u \frac{\partial u}{\partial x} + \rho v \frac{\partial v}{\partial y} = - \frac{\partial p}{\partial x} + \mu \frac{\partial^2 u}{\partial y^2}$$

Diese Gleichung gilt nur für zweidimensionale, ebene Strömung. Eine andere, physikalisch anschauliche Ableitung dieser Gleichung findet sich in dem Buch von A. Walz [20]. Für die Potentialströmung ergeben sich bei Vernachlässigung des Zähigkeitseinflusses aus den Navier-Stoles'schen Differentialgleichungen die Euler'schen Gleichungen:

$$\rho \frac{du}{dt} = - \frac{\partial p}{\partial x} + X$$

$$\rho \frac{dv}{dt} = - \frac{\partial p}{\partial y} + Y$$

$$\rho \frac{dw}{dt} = - \frac{\partial p}{\partial z} + Z$$

Es bedeuten:

x, y, z = kartesische Koordianten
u, v, w = Geschwindigkeiten in x, y, z-Richtung
t = Zeit
p = Druck
ρ = Dichte
μ = dynamische Zähigkeit
X,Y,Z = Massenkräfte in x,y,z-Richtung

Auch diese Gleichungen können, ebenso wie die Grenzschichtgleichung, unmittelbar (ohne Bezugnahme auf die Navier-Stokes'schen Gleichungen) formuliert werden. Sowohl die Grenzschichtgleichung als auch die Euler'schen Gleichungen sind nicht geschlossen lösbar, jedoch ist eine Auswertung durch Näherungsverfahren unter gewissen Voraussetzungen möglich.

Die hier durchgeführten Berechnungen sind folgendermaßen aufgebaut: Durch die spezielle Form des Strömungskanals - gesucht sind die Strömungsdaten einer Düse- ist ein Reihenansatz für die Geschwindigkeitsverteilung anwendbar, durch den man eine Näherungslösung der Euler'schen Gleichungen erhält. Damit sind Geschwindigkeits-, Druck- und Temperaturverteilung der Potentialströmung bekannt, wobei zunächst angenommen wird, daß die Potentialströmung den ganzen Strömungsquerschnitt einnimmt. Mit Hilfe des so ermittelten Geschwindigkeitsverlaufes an der Strömungsberandung kann dann numerisch eine Näherungslösung der Grenzschichtgleichung angegeben werden. Mit den um die Grenzschichtdicke verminderten neuen Strömungsquerschnitt wird dann die Potentialströmung erneut berechnet; ebenso die Grenzschichtdicke. Diese Iteration erfolgt solange, bis sich die Werte der letzten Näherung von denen der vorletzten nur noch um einen hinreichend kleinen Betrag unterscheiden. Wegen der geringen Dicke der Grenzschicht konvergiert das Rechenverfahren recht schnell. Beide Näherungsverfahren zur Berechnung der Geschwindigkeitsverteilung und zur Berechnung der Grenzschichtdaten sind in Kap. 6.3 und 6.4 näher erläutert.

6.2.2 Voraussetzungen

Sowohl für die Berechnung der Potentialströmung als auch für die Berechnung der Grenzschicht gelten folgende Annahmen:

1. Das Strömungsmedium wird als ideales Gas konstanter spezifischer Wärme (c_p = konst) angenommen. Den Beispielrechnungen liegt der Wert κ = 1,3 zugrunde.

2. Die Strömung sei zweidimensional und stationär, d.h. ihre Zustandgrößen sind nicht von der Zeit abhängig.

3. Es treten keine Verdichtungsstöße auf.

4. Die Zuströmgeschwindigkeit zur Düse liege immer im Unterschall.

Es gibt zwei Arten technisch wichtiger Düsenformen, die rotationssymmetrische Form und die ebene Form. Zwar sind die Schubdüsen von Strahltriebwerken i.a. rotationssymmetrisch, in dieser Arbeit sollen jedoch rotationssymmetrische und ebene Düsen behandelt werden.

Verwendet man für die rotationssymmetrische Düse Zylinderkoordinaten, und beachtet man den Einfluß der Seitenwände bei der ebenen Düse nicht (Ausdehnung der Düse in z-Richtung wird gleich Unendlich angenommen), so ergibt sich, daß die Strömung für beide Düsenformen zweidimensional ist, d.h. die Strömungsdaten sind nur von zwei Koordinaten abhängig (x, r bzw. x, y).

Formt man die totalen Differentiale um, wie nachstehend für die Geschwindigkeit u in x-Richtung

$$\frac{du}{dt} = \underbrace{\frac{\partial u}{\partial t}}_{=0} + u\frac{\partial u}{\partial x} + v\frac{\partial u}{\partial y} + \underbrace{w\frac{\partial u}{\partial z}}_{=0}$$

so lauten die Eulerschen Gleichungen unter Beachtung der unter Punkt 2 gemachten Annahmen:

$$\rho\left(u\frac{\partial u}{\partial x} + v\frac{\partial u}{\partial y}\right) = -\frac{\partial p}{\partial x}$$

$$\rho\left(u\frac{\partial v}{\partial x} + v\frac{\partial v}{\partial y}\right) = -\frac{\partial p}{\partial y}$$

Wird das Geschwindigkeitspotential φ eingeführt

$$\frac{\partial \varphi}{\partial x} = u = \varphi_x ; \quad \frac{\partial \varphi}{\partial y} = v = \varphi_y ,$$

die Kontinuitätsgleichung beachtet und die Beziehung

$\frac{\partial p}{\partial x} = a^2 . \frac{\partial \rho}{\partial x}$ bzw. $\frac{\partial p}{\partial y} = a^2 . \frac{\partial \rho}{\partial y}$ verwendet,

so erhält man die Potentialgleichung in kartesischen Koordinaten zu:

$$\underbrace{(1 - \varphi_x^2/a^2) . \varphi_{xx} - (2 . \varphi_x . \varphi_y/a^2) . \varphi_{xy} + (1 - \varphi_y^2/a^2)\, \varphi_{yy}}_{\xi} = 0$$

In Zylinderkoordinaten, also für den rotationssymmetrischen Fall der Düsenform, ergibt sich die Potentialgleichung als nichtlineare, partielle Differentialgleichung zweiter Ordnung in folgender Form:

$$\xi + \varphi_r/r = 0$$

6.2.3 Die Stromfadengeschwindigkeit

Trotz Einführung des Geschwindigkeitspotentials und trotz der Tatsache, daß nur noch eine Differentialgleichung (nämlich die Potentialgleichung) statt des gekoppelten Systems von Differentialgleichungen zu lösen ist, kann die Geschwindigkeitsverteilung noch nicht berechnet werden.

Vernachlässigt man die Abhängigkeit der Geschwindigkeit von der Koordinate y bzw. r, dann wird das Problem eindimensional: Die nun vorliegende, über den gesamten Querschnitt konstante Geschwindigkeit wird als Stromfadengeschwindigkeit bezeichnet, da sie strenggenommen die Geschwindigkeit in einem infinitesimal dünnen Stromfaden veränderlichen Querschnitts darstellt. Sie wird mit c_s bezeichnet. Da die Stromfadengeschwindigkeit später zur Berechnung der Geschwindigkeitsverteilung benötigt wird, soll sie kurz hergeleitet werden.

Da laut Voraussetzung 3 in Kapitel 6.2.2 keine Verdichtungsstöße auftreten, bleiben vier verschiedene Strömungstypen für die Durchströmung eines konvergent-divergenten Kanals. Von diesen scheiden zwei aus, da nach Voraussetzung 4 in gleichem Kapitel nur Unterschallzuströmung eingeräumt wird. Es verbleiben folgende zwei Strömungsfälle in der Düse.

1. Die Geschwindigkeit im geometrisch engsten Querschnitt ist kleiner als die lokale Machzahl ($M < 1$). Im konvergenten wie divergenten Teil der Düse treten ausschließlich Unterschallgeschwindigkeiten auf.
2. Im Halsquerschnitt gilt $M = 1$. Die Strömung wird von Unterschall auf Überschall beschleunigt.

Betrachtet man zwei Querschnitte A_1 und A_2 eines Stromfadens, so ergibt sich unter Verwendung von Kontinuitätsgleichung, Isentropenbeziehung und Energiesatz die Formel von St. Venant und Wantzel für eindimensionale Strömung

$$\frac{A_1 . M_1}{\left(1 + \frac{k-1}{2} M_1^2\right)^{\frac{k+1}{2(k-1}}} = \frac{A_2 . M_2}{\left(1 + \frac{k-1}{2} M_2^2\right)^{\frac{k+1}{2(k-1)}}} \qquad (6.1)$$

Tritt im engsten Querschnitt A^* Schallgeschwindigkeit auf ($A_1 = A^*$, $M_1 = 1$), dann vereinfacht sich obige Beziehung zu folgendem Ausdruck

$$\frac{A}{A^*} = \left(\frac{2}{k+1}\right)^{\frac{k+1}{2(k-1)}} . \frac{\left(1 + \frac{k-1}{2} M^2\right)^{\frac{k+1}{2(k-1)}}}{M} \qquad (6.2)$$

Aus (6.2) folgt, daß der Machzahlverlauf im divergenten Düsenteil nur vom Flächenverhältnis abhängt, während bei Unterschalldurchströmung der Machzahlverlauf zusätzlich von der Eintrittsmachzahl abhängt.

Da die Geschwindigkeitsverteilung aus einer beliebig vorgegebenen Kontur und dem Zustand der ungestörten Anströmung berechnet werden soll, müssen bei Unterschallströmung außer der Düsenkontur Druck, Temperatur und Massenstrom bekannt sein.

Eine Temperatursonde zeigt im strömenden Medium dessen Eigentemperatur T_{e0} an:

$$T_0 = T_{e0} - r_0 \cdot \frac{c_0^2}{2 \cdot c_p}$$

Für die Geschwindigkeit der ungestörten Anströmung c_0 ergibt sich bei bekanntem $\dot{m}$, p_0 und T_{e0}

$$c_0 = - \frac{c_p \cdot p_0 \cdot A_0}{r_0 \cdot R \cdot \dot{m}} + \sqrt{\left(\frac{c_p \cdot p_0 \cdot A_0}{r_0 \cdot R \cdot \dot{m}}\right)^2 + \frac{2c_p \cdot T_{e0}}{r_0}} \qquad (6.3)$$

Nach kleineren Umformungen erhält man als Stromfadengeschwindigkeit im Unterschall:

$$\frac{c_s}{a_t} \cdot \left[1 - \frac{k-1}{2} \left(\frac{c_s}{a_t}\right)^2\right]^{\frac{1}{k-1}} = \frac{A_0}{A} \cdot \frac{c_0}{a_t} \cdot \left[1 - \frac{k-1}{2} \left(\frac{c_0}{a_t}\right)^2\right]^{\frac{1}{k-1}} \qquad (6.4)$$

Für die Überschallströmung ergibt sich durch Einsetzen

$$\frac{c_s}{a_t} \cdot \left[1 - \frac{k-1}{2} \left(\frac{c_s}{a_t}\right)^2\right]^{\frac{1}{k-1}} = \frac{A^*}{A} \left(\frac{2}{k+1}\right)^{\frac{k+1}{2(k-1)}} \qquad (6.5)$$

Da die Düsenkontur vorgegeben ist, ist A^*/A bzw. A_0/A bekannt; die Stromfadengeschwindigkeit c_s kann somit iterativ bestimmt werden.

6.3 Das Näherungsverfahren von Oswatitsch und Rothstein zur Berechnung der Geschwindigkeitsverteilung

Die Koordinate senkrecht zur Hauptströmungsrichtung soll in diesem Kapitel für die ebene und die rotationssymmetrische Düse mit r, und der Radius der Düsenkontur, bzw. die halbe Düsenhöhe, mit h bezeichnet werden.

Das im folgenden dargestellte Verfahren zur Berechnung der Geschwindigkeitsverteilung ist einer Arbeit von K. Oswatitsch und W. Rothstein [21] entnommen (vgl. auch dazu K. Oswatitsch [22], Kap. IX, 7; S. 356). Die genannten Autoren setzen für die Komponenten der Geschwindigkeit Potenzreihen in r an, deren Koeffizienten von x abhängig sind.

$$u = u_0 + \frac{A}{2} r^2 + \dots$$

$$v = B\, r + \dots$$

Hierbei bedeutet u_0 die Geschwindigkeit auf der x-Achse. In den Reihen werden nur Glieder bis zur zweiten Potenz von r berücksichtigt, um eine erste Näherung zu erhalten.

Aus der Gleichung für die Wirbelfreiheit

$$\varphi_{xr} = \varphi_{rx}$$

die bei Vorhandensein eines Potentials φ erfüllt sein muß, folgt:

$$\frac{\partial u}{\partial r} = A.r$$

$$\frac{\partial v}{\partial x} = B'.r$$

$$\rightarrow A.r = B'.r \qquad\qquad \rightarrow A = B'$$

Mit hinreichender Genauigkeit kann angenommen werden, daß an der Düsenkontur (r = h) zwischen der Geschwindigkeitskomponente v und der Steigung der Düsenkontur folgender Zusammenhang besteht:

$$\frac{v_{(r=h)}}{c_s} = h'(x)$$

$$\rightarrow v_{(r=h)} = h'(x) . c_s = B . h$$

$$\rightarrow B = \frac{h' . c_s}{h}$$

Somit kann der Koeffizient B bei bekannter Düsenkontur berechnet werden; durch Differentiation folgt der Koeffizient A:

$$A = \frac{(h'' . c_s + h' . c_s') \, h - h'^2 . c_s}{h^2}$$

$$A = \frac{h'' . c_s}{h} - \frac{h' . c'_s}{h} - \frac{h'^2 . c_s}{h^2}$$

Bis hierher sind die Formeln für die ebene und rotationssymmetrische Düse identisch, da die Koordinate senkrecht zur Hauptströmung einheitlich mit r bezeichnet wurde. Der noch fehlende Ausdruck für die Achsengeschwindigkeit $u_0(x)$ ergibt sich aus einem Ansatz der Kontinuitätsgleichung und ist daher für den ebenen und rotationssymmetrischen Fall unterschiedlich. Durch Betrachtung einer differentiell kleinen Fläche gewinnt man:

$$\dot{m} = \int_0^h 2 \cdot \pi \cdot r \cdot dr \cdot u \cdot \rho \qquad \text{(rotationssymmetrisch)}$$

$$\dot{m} = \int_0^h 2 \cdot b \; dr \; u \; \rho \qquad \text{(eben)}$$

Nachdem mit Hilfe des Energiesatzes die Größe ρ aus obigen Gleichungen eliminiert wurde, können aus der Kontinuitätsbeziehung für u_0, die Geschwindigkeit auf der x-Achse, folgende Ausdrücke gewonnen werden

$$u_0 = c_s \left[1 - \frac{1}{6} (h\, h'' + 2 . \frac{c'_s}{c_s} h\, h')\right] \qquad \text{(eben)}$$

$$u_0 = c_s \left[1 - \frac{1}{4} (h\, h'' + \frac{3}{2} \cdot \frac{c'_s}{c_s} h\, h')\right] \qquad \text{(rotationssymmetrisch)}$$

Für die Geschwindigkeitsverteilung ergeben sich somit nachstehende Gleichungen:

<u>Eben</u>:

$$\frac{v}{c_s} = \frac{r}{h} h'$$

$$\frac{u}{c_s} = 1 - \frac{1}{6} (h\, h'' + 2 \frac{c'_s}{c_s} h\, h') + \frac{1}{2} \frac{r^2}{h^2} (h\, h'' + \frac{c'_s}{c_s} h\, h' - h'^2) \tag{6.6}$$

<u>Rotationssymmetrisch</u>:

$$\frac{v}{c_s} = \frac{r}{h} h'$$

$$\frac{u}{c_s} = 1 - \frac{1}{4} (h\, h'' + \frac{3}{2} \frac{c'_s}{c_s} h\, h') + \frac{1}{2} \frac{r^2}{h^2} (h\, h'' + \frac{c'_s}{c_s} h\, h' - h'^2)$$

Ein Anhaltspunkt für die Beurteilung der Genauigkeit dieser Näherungsformeln ergibt sich, wenn man beachtet, daß an der Düsenkontur gelten muß:

$$\frac{v_{(r=h)}}{u_{(r=h)}} = h'$$

Daraus ergibt sich, daß für $r = h$ der Wert von u/c_s gleich Eins sein muß. Man erkennt, daß die Formel umso genauer ist, je geringer der Wert für die Ableitung der Düsenkontur (h') ist.

Um die Genauigkeit der Berechnung zu erhöhen, wären Reihenansätze für die Geschwindigkeitskomponenten denkbar, die

Glieder höherer Ordnung berücksichtigen, um dann die Koeffizienten der Reihen durch Koeffizientenvergleich mit den in Kap. 6.2.2 aufgestellten Potentialgleichungen zu berechnen. Die Reihen würden folgende Form haben:

$$u\ (x,\ r) = u_0(x) + \frac{1}{2!}\ A_2\ r^2 + \frac{1}{4!} A_4\ r^4 + \ldots$$

$$v\ (x,\ r) = B_1\ r + \frac{1}{3!}\ B_3\ r^3 + \frac{1}{5!}\ B_5\ r^5 + \ldots$$

Es gelten die Randbedingungen:

$$v_{(r=0)} = \varphi_r\ (r = 0) = 0$$

$$\left(\frac{v}{u}\right)_{r=h} = \left(\frac{\varphi_r}{\varphi_x}\right)_{r=h} = h'(x)$$

Die Ergebnisse von Martensen und Sengbusch, die in ihrer Arbeit [15] Reihenglieder bis zur 23. Ordnung berücksichtigen, konnten hier jedoch nicht verwertet werden. Wie in vielen Arbeiten anderer Verfasser auch wurde davon ausgegangen, daß die Geschwindigkeit auf der x-Achse linear ansteigt und bekannt ist. Damit ist aber die Düsenkontur nicht mehr frei wählbar.

6.4 Das Näherungsverfahren von Walz (Grenzschichtrechnung)

Zur Berechnung der Grenzschichtdaten wird ein Näherungsverfahren angewandt, das in der Arbeit von A. Walz mit "Rechenverfahren II" bezeichnet ist. Dieses Verfahren ist anwendbar für laminare und turbulente, imkompressible und kompressible, ebene und rotationssymmetrische Grenzschichten mit und ohne Wärmeübergang an der Strömungsberandung. Der inkompressible Fall wurde hier ausgeschlossen, da die Schubdüsen von Strahltriebwerken nur von kompressiblen Medien durchströmt werden. Das Verfahren selbst soll in dieser Arbeit nur kurz beschrieben werden, da sich ausführliche Erläuterungen in dem Buch von Walz [20] finden.

Die in Kap. 6.2.1 aufgeführte Prandtl'sche Grenzschichtgleichung ist unter gewissen Voraussetzungen lösbar, und zwar dann, wenn sich die wandparallele Komponente der Geschwindigkeit am Rand der Grenzschicht u_δ mit einer Potenz der Lauflänge x ändert, also:

$$u_\delta(x) \sim x^m$$

In diesem Fall kann die Prandtl'sche Grenzschichtgleichung in eine leichter lösbare gewöhnliche Differentialgleichung umgewandelt werden. Die sich daraus ergebenden Geschwindigkeitsprofile innerhalb der Grenzschicht sind an jeder Stelle der Lauflänge x einander ähnlich. Man kann nun einen "Katalog" dieser "ähnlichen Lösungen" für verschiedene Potenzen m anlegen, wobei die Lösungen in Abhängigkeit von einem Formparameter H (der entsprechend der Größe m Aussagen über die Form des Geschwindigkeitsprofils zuläßt) und der Größe η (die vom Verhältnis des Wandabstands y zur Grenzschichtdicke δ abhängt) tabelliert sind.

Für eine vorgegebene beliebige Außenströmung, deren Geschwindigkeitsprofile einander nicht ähnlich sein werden, macht man einen Lösungsansatz für das Geschwindigkeitsprofil, der die Eigenschaften der ähnlichen Lösungen erfaßt, und berechnet dann die beiden unbekannten Koeffizienten H und δ an jeder Stelle der Wand. Dies gelingt durch folgendes Verfahren:

Aus der Prandtl'schen Grenzschichtgleichung kann ein System von unendlich vielen gewöhnlichen Differentialgleichungen hergeleitet werden, von denen man die beiden wichtigsten Gleichungen auswählt, nämlich jene, die physikalisch gesehen Integralbedingungen für den Impuls und für die Energie darstellen. Mit Hilfe des Lösungsansatzes gelingt es, diese Integralbedingungen so umzuformen, daß sie für genügend kleine Abschnitte Δx der Lauflänge integriert werden können. Für jedes Intervall Δx werden für die Koeffizientenfunktionen der Differentialgleichungen nun Mittelwerte durch Iteration berechnet, sodaß die Differentialgleichungen innerhalb eines Intervalls als gewöhnliche Differentialgleichungen mit konstanten Koeffizienten aufgefaßt werden können.

Sind die vorgegebenen Intervalle zu groß, so konvergiert die Iteration der Koeffizientenmittelwerte nicht. In diesem Falle muß das Integrationsintervall verkleinert, und die Eingabewerte des ganzen Verfahrens (z.B. u_δ) müssen interpoliert werden. Durch Lösen der beiden Differentialgleichungen können der Formparameter H und die Grenzschichtdicke δ an jeder Stelle x berechnet werden, wodurch sich auch das Geschwindigkeitsprofil mit Hilfe der katalogisierten ähnlichen Lösungen ergibt.

6.4.1 Programmablauf Grenzschichtrechnung

Zur Berechnung der Grenzschicht in Düsen beliebiger Kontur wurde ein Programm in der Programmiersprache Fortran IV erstellt, in das als wesentliche Daten die ungestörte Anströmung sowie Abszissen- und Ordinatenwerte der Düsenkonturpunkte eingelesen werden (max. 100). In einem Iterationszyklus wird zunächst die Stromfadengeschwindigkeit, danach die Geschwindigkeitsverteilung berechnet. Nach Eingabe der Grenzschicht-Startwerte erfolgt die Berechnung der Grenzschicht über ihre gesamte Lauflänge. Am Ende des Iterationszyklus' wird geprüft, ob die berechnete Grenzschichtdicke als genügend genau zu betrachten ist.

Die Grenzschichtrechnung wurde für Luft hoher Temperatur ausgeführt, läßt sich jedoch ohne Schwierigkeiten auf andere Gase umstellen.

6.4.2 Anmerkungen zu den Unterprogrammen

Für die Eingangswerte der Grenzschichtrechnung werden Zwischenwerte benötigt, wenn das Integrationsintervall zu groß angenommen wurde. Die Eingabewerte sind die Ordinate des Konturpunktes h, die Geschwindigkeit und Machzahl am Rand der Grenzschicht

u_δ und M_δ, sowie der Wärmeübergangsparameter Θ ($\Theta > 0$ Kühlung, $\Theta = 0$ Isolierung und $\Theta < 0$ Heizung der Wand). Die Düsenkontur wird punktweise vorgegeben, liegt also in Form einer Tabelle und nicht analytisch als Funktion vor. Auch die übrigen Größen c_s, u_δ, M_δ und Θ sind für die Grenzschichtrechnung tabellarisch vorgegeben.

Es ist daher eine Rechenvorschrift zu erstellen, die es ermöglicht, für jede beliebige Abszisse einen Ordinatenwert zu ermitteln, wenn die betrachtete Funktion in Tabellenform gegeben ist.

Eine lineare Interpolation kommt nicht in Frage, da sich Ungenauigkeiten in der Interpolation in der weiteren Berechnung stark auswirken würden. Zur Bestimmung von Zwischenwerten werden daher zwei benachbarte vorgegebene Punkte durch ein Polynom dritten Grades verbunden. Die vier freien Koeffizienten werden von der Subroutine STRAK derart bestimmt, daß das Polynom durch die beiden gegebenen Randpunkte des Intervalls hindurchgeht, und ferner die erste und zweite Ableitung in beiden Randpunkten jeweils mit der ersten und zweiten Ableitung des Polynoms des angrenzenden Intervalls übereinstimmt. Der Subroutine STRAK dürfen nur Tabellen von solchen Funktionen übergeben werden, die allenfalls hebbare Unstetigkeitsstellen enthalten. Zwischen Ordinaten- und Abszissenwerten müssen eindeutige Zuordnungen bestehen. Durch dieses Verfahren werden die Tabellenwerte in einen überall stetigen Kurvenzug überführt, selbst wenn die der Tabelle zugrunde liegende Funktion hebbare Unstetigkeitsstellen, Knicke oder Krümmungssprünge aufweist.

Um die Genauigkeitsgrenzen der verschiedenen Unterprogramme zu bestimmen, wurden Testprogramme erstellt. Das Unterprogramm für STRAK z.B. ist so aufgebaut: Funktionen wurden analytisch eingegeben und durch Vorgabe eines x-Intervalls eine Tabelle von Ordinaten- und Abszissenwerten berechnet. Sodann wurden durch das Bibliotheksprogramm STRAK Zwischenwerte ermittelt und mit den tatsächlichen Funktionswerten verglichen. Dabei ergaben sich Abweichungen in der Größenordnung von 10^{-4} bis 10^{-13}, je nach Aufbau der Funktionen.

Aus Kap. 6.3 ist ersichtlich, daß zur Berechnung der Geschwindigkeitsverteilung die erste und zweite Ableitung der Düsenkontur und die erste Ableitung der Stromfadengeschwindigkeit benötigt werden. Es müssen also Ableitungen einer punktweise gegebenen Kurve bestimmt werden. Dazu dienen die Subroutine STRINT und die Function DIF.

Die Subroutine STRINT benutzt die von der Subroutine STRAK ermittelten Polynome.

Die Function DIF bestimmt die Ableitungen einer tabellarisch vorgegebenen Funktion an in der Tabelle enthaltenen Punkten durch Anwendung der Lagrange'schen N-Punkt-Formel. Aus einem Test ergab sich die größte Genauigkeit bei einem freien Parameter M gleich Eins.

Aus den Testprogrammen war zu ersehen, daß die Genauigkeit der durch die Function DIF ermittelten Werte in allen Fällen größer war als die der von STRINT berechneten Werte. Die Genauigkeit des Unterprogramms DIF (für M = 1) liegt etwa bei 10^{-14}, die des Unterprogramms STRINT bei 10^{-5} bis 10^{-12}. Jedoch ergab sich, daß bei beiden Methoden große Fehler im Bereich des Krümmungssprunges entstanden, wenn die betrachtete Funktion einen Krümmungssprung aufwies. Da nun aber Krümmungssprünge in der Düsenkontur auch wegen des dann ungünstigen Verhaltens der Grenzschicht (Ablösung) vermieden werden müssen, ist es erforderlich, die eingegebene Düsenkontur zunächst zu glätten. Dazu dient die Subroutine GLATT. Eine bloße Anwendung des Unterprogramms STRAK genügt nicht, da dieses zwar eine bis einschließlich der zweiten Ableitung stetige Kurve liefert, der berechnete Kurvenverlauf jedoch leicht wellenförmig sein kann. (Bei Eingabe einer zeichnerisch entworfenen Kontur ist die Zeichen- und Ablesegenauigkeit nicht hoch genug). Der von STRAK berechnete leicht wellenförmige Konturverlauf führt dazu, daß die Kurven der ersten und zweiten

Ableitung einen sehr viel stärker wellenförmigen Verlauf zeigen. Daraus resultieren Ungenauigkeiten bei der Berechnung der Geschwindigkeitsverteilung; unter Umständen wird eine Ablösung der Grenzschicht errechnet.

Die Subroutine GLATT ermittelt Polynomkoeffizienten zwar nach dem gleichen Verfahren wie STRAK, jedoch führt das Programm GLATT gleichzeitig eine Glättung der Ordinatenwerte nach der Methode der kleinsten Fehlerquadrate durch. Die Parameter sind dieselben wie bei STRAK, jedoch müssen zusätzlich der Glättungskoeffizient S und ein Vektor für die maximal zulässige Abweichung δ_y jedes Ordinatenwertes übergeben werden. Der Koeffizient S legt fest, wie stark die Glättung innerhalb der zulässigen Abweichungen δ_y erfolgen soll. Die Werte für S und δ_y sind frei wählbar; die für diesen Anwendungsfall günstigsten Werte wurden durch Testläufe ermittelt. Es ist dabei zu beachten, daß δ_y immer in der Größenordnung von 1/100 des Düsenradius' liegen sollte; dieser Wert ist daher ggf. zu verändern. Im Anfangs- und Endquerschnitt sowie in der Gegend des engsten Querschnitts sind die Werte für δ_y Null gesetzt, sodaß die von der Subroutine GLATT berechnete Kurve durch diese Punkte hindurchgehen muß.

Zur Bestimmung der Ableitungen der Düsenkontur wird das Unterprogramm STRINT verwendet, da die von GLATT (oder STRAK) ermittelten Polynome als tatsächlicher Kurvenverlauf angesehen werden sollen. Die Function DIF wird zur Berechnung der Ableitung der Stromfadengeschwindigkeit und im Unterprogramm für die Grenzschichtrechnung verwendet.

Zur Berechnung der Stromfadengeschwindigkeit wurden für Unter- und Überschall je ein Unterprogramm erstellt. Als erste Näherung für die Stromfadengeschwindigkeit c_s wird inkompressible Strömung angenommen:

$$c_{s1.} = (A_0/A).c_0$$

Für hohen Unterschall folgt aus Gleichung (6.5) als erste Näherung ($c_s \ll a \rightarrow c_s/a_t \approx 0$):

$$c_{s1.} = \frac{A^*}{A} \cdot a_t \cdot \left(\frac{2}{k+1}\right)^{\frac{k+1}{2(k-1)}}$$

Die erste Näherung für die Stromfadengeschwindigkeit im Überschall lautet

$$c_{s1.} = a_t \cdot \sqrt{\frac{2}{k-1} \cdot \left[1 - \left(\frac{2}{k+1}\right) \cdot \left(\frac{A^*}{A}\right)^{k-1}\right]}$$

Die Genauigkeit des Iterationsverfahrens wurde getestet, indem eine Reihe von Werten für das Flächenverhältnis vorgegeben und daraus die Stromfadengeschwindigkeit berechnet wurde. Danach wurde durch Einsetzen der Ergebnisse in die Gleichungen (6.4) und (6.5) das Flächenverhältnis wiederum bestimmt. Der Vergleich der Werte mit den Eingabewerten lieferte Differenzen zwischen 10^{-9} und 10^{-14} bei einer Genauigkeitsschranke von 1.10^{-10} und einer maximal zulässigen Zahl der Iterationen von 100. Um die Genauigkeit in der Umgebung des engsten Querschnitts zu verbessern - die Zahl der ausgeführten Iterationen war dort am größten und die Genauigkeit am geringsten - wurde die Genauigkeitsschranke auf 1.10^{-12} abgesenkt und die Zahl der möglichen Iterationen auf 150 erhöht.

6.5 Geschwindigkeitsverteilung

Im Unterprogramm zur Bestimmung der Geschwindigkeitsverteilung erfolgt die Auswertung der Gleichung (6.6). Bei Testläufen ergab sich, daß Steigungswinkel der Düsenkontur (Winkel der Tangente zur x-Achse) kleiner als 30° sein sollten, da andernfalls die Differenzen zwischen dem Winkel des Geschwindigkeitsvektors an der Düsenkontur und dem Steigungswinkel zu groß wird.

6.6 Grenzschichtdaten

Zur Berechnung der Grenzschichtdaten wurde das programmierte "Verfahren 2" von A. Walz herangezogen. Die Subroutine WALZ 2 beginnt mit der Berechnung der Grenzschichtdicke ausgehend vom ersten gegebenen Wert der Lauflänge x, indem sie für diesen ersten Abszissenwert die Grenzschichtdicke Null setzt. Die errechneten Werte gelten demzufolge nur für eine Anordnung, bei der das Strömungsmedium aus einem Kessel direkt in eine Düse fließt. Dieser Sachverhalt ist aber weder bei Strahltriebwerken, noch bei der am Institut aufgebauten Versuchsanordnung gegeben. In Wirklichkeit besitzt die Grenzschicht bereits am Düseneintritt eine von Null verschiedene Dicke. Daher wird der Einfluß der Länge einer vorgeschalteten Rohrstrecke zu untersuchen sein.

Für den Formparameter H muß zu Beginn der Grenzschichtrechnung ein Anfangswert gegeben sein. Dieser hängt ab vom Steigungswinkel β^* der Kontur im ersten Konturpunkt. Es wird angenommen, daß dieser Winkel immer Null ist, alle Düsenkonturen also mit horizontaler Tangente beginnen. Für die Machzahl der ungestörten Anströmung kleiner als Eins wurde aus dem Buch von A. Walz [20] der Anfangswert von H für rotationssymmetrische ebenso wie für ebene Düsen ($\beta^* = 0$) entnommen. Aus beiden Diagrammen ergibt sich übereinstimmend für rotationssymmetrische und ebene Grenzschichten der Grenzschicht-Formparameter $H_1 = 1{,}57$.

Abschließend seien noch einige Anmerkungen zu diesem Unterprogramm beigefügt. Strenggenommen gilt das Rechenverfahren nur für laminare Aussenströmungen. Strömungen in Kanälen sind, sofern es sich um gasförmige Medien handelt. wegen der geringen Zähigkeit fast immer turbulent. Es gibt jedoch für den Fall turbulenter Aussenströmung bisher noch keine bessere Methode als die vorliegende. Es wird bei turbulenter Grenzschicht ein sogenanntes Dissipationsintegral c_D benötigt. Über den Wert dieser Größe gibt es nur empirische Gesetze, so das Gesetz von Rotta-Truckenbrodt, von Clauser-Walz und das von K.O. Felsch. Hier wurde mit dem Vorschlag von Rotta-Truckenbrodt gerechnet.

6.7 Handhabung der Programme

Die Eingabe der Düsenkontur ist auf zwei Arten möglich. Bei der ersten werden möglichst viele Punkte (bis zu 100) eingegeben, die z.B. aus einer Zeichnung entnommen werden. Die Ordinatenwerte werden vor Weiterverwendung geglättet. Die zweite Möglichkeit ist die, nur wenige Konturpunkte einzugeben (höchstens 20) und diese durch Strak-Polynome zu verbinden. Die Kommentare "zeichnerisch" und "analytisch" beziehen sich auf die erste bzw. die zweite Eingabemöglichkeit von Düsenkonturen.

Die Zahl der einzulesenden Temperaturwerte längs der Düsenkontur beträgt maximal 50. Die Karten für die Konturpunkte sind nach steigenden x-Werten geordnet. Die zwei ersten Eingabepunkte müssen örtlich sehr nahe beieinander liegen (höchstens 1 mm Abstand in x-Richtung) und den gleichen Ordinatenwert besitzen. Abszisse und Ordinate der Kontur im engsten Querschnitt müssen unter den eingegebenen Werten sein. Soll der Düse eine Rohrstrecke vorgeschaltet werden, müssen insgesamt vier Werte eine gleiche Ordinate haben, und zwar sind zwei nahegelegene Punkte am Anfang des Rohres und zwei Punkte nahe beieinander am Anfang der Düse einzugeben. Diese Forderungen müssen wegen der Art der Interpolationsprogramme erfüllt werden; sie gelten für beide Eingabearten. Bei der "analytischen" Eingabe ist noch zusätzlich darauf zu achten, daß je ein Wert kurz vor und kurz nach dem engsten Querschnitt eingegeben wird.

Nach diesem Datenpaket können Werte für die Wandtemperaturen folgen. Die Abszissenwerte für die Temperaturen brauchen nicht mit denen der Konturpunkte übereinzustimmen, mit Ausnahme des ersten und letzten Abszissenwertes.

6.8 Ergebnisse

Zur Durchführung der Beispielrechnungen wurde die Kontur einer Parallelstrahldüse mit der Austrittsmachzahl M_A = 1,5 aus Kap. 3.3.3 übernommen. Dort wurde die Geschwindigkeitsverteilung nach dem Charakteristikenverfahren (ohne Berücksichtigung der Grenzschichten) in Verbindung mit dem Verfahren von Martensen und Sengbusch [15] für den divergenten Teil der Düse berechnet. Die Kontur für den divergenten Teil der konischen Düse wurde analog der Parallelstrahldüse entworfen (gleiches Öffnungsverhältnis und gleiche Länge). Durch Kombination dieser beiden Düsen mit drei verschiedenen Einlaufformen ergaben sich sechs Datensätze. Die Datensätze sind durch eine Zahl (1, 3, 4) und einen Buchstaben (P oder K) gekennzeichnet, wobei die Zahl die Einlaufform bezeichnet und der Buchstabe angibt, ob es sich um die Parallelstrahldüse (P) oder die konische Düse (K) handelt. Die Einlaufformen 3 und 4 sind durch Stauchung von Form 1 entstanden zu denken.

Bei Ausführung der Rechnungen ergaben sich gewisse Schwierigkeiten. Das Programm errechnete z.B. Strömungsablösung vor dem engsten Querschnitt. Der Grund hierfür ist offenbar der, daß die Glättungs- und Interpolationsprogramme ganz leicht wellenförmige Schwankungen im Konturverlauf nicht völlig beseitigen können. Dies macht sich bei sehr flach verlaufenden Konturen (hier: A^*/A_{max} = 0,917) stärker bemerkbar als bei steiler verlaufenden Konturen und gibt zu Ungenauigkeiten bei der Berechnung der Grenzschichtdicke Anlaß. Die Grenzschichtdicke verläuft dann (über der Lauflänge aufgetragen) ebenfalls wellenförmig. Dieser Effekt verstärkt sich durch die Iteration, die das Hauptprogramm solange durchführt, bis Ablösung errechnet wird. Diese Schwierigkeiten konnten zum Teil durch Veränderung des Wertes für δ_y , zum Teil durch Herausnehmen von Konturpunkten (somit besonders starke Glättung in diesem Bereich), beseitigt werden.

Auf die Behandlung des Einflusses einer der Düse vorgeschalteten Rohrstrecke wurde verzichtet, da sie keine grundsätzlich neuen Erkenntnisse liefert.

In den nachfolgenden Darstellungen finden sich ausschließlich Ergebnisse für überschalldurchströmte, rotationssymmetrische Düsen. Das Rechenverfahren wurde jedoch ebenfalls bei zweidimensionaler Strömung und bei Unterschall erprobt; in beiden Fällen waren die Ergebnisse zufriedenstellend.

Die Eingabedaten für die Überschallströmung blieben für alle Diagramme konstant:

$T_{e0} = 1273$ K; $\dot{m} = 1$ kg/sec; $p_0 = 2{,}8$ bar; $p_u = 1$ bar

Abb. 64 zeigt den Konturverlauf derjenigen Düsen, deren Grenzschichtdicke in Abhängigkeit von der Lauflänge x berechnet und in Abb. 65 dargestellt ist. Der geometrisch engste Querschnitt der Düse befindet sich bei x = 118,154 mm. Die nächstfolgenden Diagramme 66 und 67 sollen ein Bild von der Geschwindigkeitsverteilung im engsten Querschnitt der Düse und kurz dahinter vermitteln (vgl. Stelle "A" und "B" in Abb. 64), sowohl für die Parallelstrahl- wie für die konische Düse.

Nimmt man - bei Abschneiden der Düse an der Stelle B - an, daß die mit der Potentialströmung austretende Grenzschicht die Quelle der nachfolgenden Mischzone mit einem konzentrisch geführten Sekundärstrahl ist, dann kommt der Kenntnis von Geschwindigkeitsverteilung und Grenzschichtdicke erhöhte Bedeutung zu.

Zu den Darstellungen der Geschwindigkeitsverteilungen ist zu sagen, daß sie nur vom Grenzschichtrand bis zur Düsenachse (Mittellinie) aufgetragen wurden. Ein Eintragen der Geschwindigkeitsvektoren als Pfeile war beabsichtigt, wurde jedoch zugunsten besserer Übersicht weggelassen. Somit ist nur der Betrag der Geschwindigkeit, nicht aber ihre Richtung zu ersehen. Das ist jedoch an den Schnittstellen "A" und "B" im Düsenhals bzw. direkt dahinter unwesentlich.

7. Auslegung der Zweikreisdüse

Für die Auslegung einer Zweikreisdüse wird auf die in den vorhergehenden Kapiteln hergeleiteten Beziehungen sowie auf die dort aufgestellten numerischen Berechnungsverfahren zurückgegriffen.

Die Durchführung der Berechnung umfaßt folgende Schritte:

1. Vorgabe des auf die Totalzustände vor der Primärdüse bezogenen reduzierten Massenstromes und damit des geometrisch engsten Querschnitts. (Abschnitt 3.3.1.1)
2. Berechnung der Länge der idealen Düse für die höchste Austrittsmachzahl $M_{Amax} = 1{,}7$. (Abschnitt 3.3.1.4)
3. Berechnung homogen und parallel abströmender Primärdüsen gleicher Länge für $M_A < M_{Amax}$. (Abschnitt 5.4.1)
4. Berechnung der Sekundärdüsenkonturen bei vorgegebenen festen Totalzuständen vor der Zweitdüse, welche die geforderten Primärdüsenströmungen mit $M_A < M_{Amax}$ bewirken. (Kapitel 4)
5. Bestimmung der endgültigen, festen Zweitdüsenkontur durch geometrische Mittelung der variablen, von den gewünschten Austrittsmachzahlen abhängigen Konturen.
6. Ermittlung der variablen Totalzustände vor der Zweitdüse in Abhängigkeit von den Strömungswerten der Erstdüse, die zur jeweils optimalen Durchströmung der Gesamtdüse führen. (Abschnitt 4.5)

8. Zusammenfassung

In dem vorliegenden Bericht wird gezeigt, daß eine gasdynamische Anpassung durch Luftzumischung in der Düse eines Strahltriebwerks möglich ist und zu einer Vergrößerung des Schubes über einen weiten Betriebsbereich gegenüber einer herkömmlichen

Schubdüse fester Geometrie führt.

Die grundsätzlichen Möglichkeiten der Schubdüsenanpassung werden untersucht, wobei sich die gasdynamische Anpassung nach vereinfachten Berechnungsmethoden als besonders günstig erweist.

Die numerische Berechnung der rotationssymmetrischen Düsenströmung wird dargestellt und auf den Fall der Zweikreisdüse mit veränderlichem Sekundärmassenstrom angewandt.

Zur Auslegung der Zweitkontur wird ein Verfahren derart hergeleitet, daß die Strömung der Primärdüse ideal expandiert. Die Primärdüse wird unter Berücksichtigung veränderlicher spezifischer Wärmen berechnet.

Zur Bestimmung der Mischzone zwischen primärer und sekundärer Strömung wird die Grenzschichtdicke am Austritt der abgeschnittenen Primärdüsenkontur nach einem Verfahren von Walz berechnet.

Die Bestimmung der wirklich ausgeführten Zweitkreisdüse geschieht so, daß die Kontur der Zweitdüse durch geometrische Mittelung der optimal berechneten Konturen für verschiedene Austrittsmachzahlen festgelegt wird und die gasdynamische Anpassung an das variable Düsendruckverhältnis durch Änderung des Zweitkreismassenstromes erfolgt.

9. Literaturverzeichnis

[1] Fabri et alii
"Etude aérodynamique des trompes supersoniques"
Jahrbuch der WGL, 1953, S. 106 ff

[2] Chow and Addy
"Interaction between primary and secondary streams of supersonic ejector systems and their performance charakteristics"
AIAA Journal, April 1964, S. 686 ff

[3] Nüdling
"Zur Anwendung der Luftzumischung zum Abgasstrahl von Raketentriebwerken
Raumfahrtforschung, 1966 Heft 2, S. 49 ff

[4] Sillem
"Untersuchungen zur kompressiblen Gasströmung in Strahlapparaten mit konstantem Mischrohrquerschnitt"
VDI-Fortschrittsberichte, Reihe 7, Nr. 1

[5] Sänger, E.
"Luftzumischung zu Abgasstrahlen"
Zeitschrift des VDI, 1952 Nr. 4 (Febr.), S. 111 ff

[6] Kennedy
"Mixing of compressible fluids"
Journal of applied mechanics, Sept. 1961, S. 335

[7] Büchner
"Zur Thermodynamik von Verbrennungsvorgängen"
Privatausgabe des Verfassers, 1958

[8] Grivès
"Untersuchung der Mischungs- und Verbrennungsvorgänge zwischen konzentrischen Strömungen"
VDI-Bericht Nr. 50, 1961

[9] Perini et alii
"Preliminary study of air augmentation of rocket thrust"
Journal of Spacecraft, Nov. 1964, S. 626 ff.

[10] Korst
"Theory for base pressure in transonic flow"
Transactions of the ASME, Dez. 1956, S. 593 ff.

[11] Libby
"Theoretical analysis of turbulent mixing of reactive gases with application to supersonic combustion of hydrogen"
ARS-Journal, März 1962, S. 388 ff.

[12] Alpinieri
"Turbulent mixing of coaxial jets"
AIAA-Jorunal, Sept 1964, S. 1560 ff.

[13] Perini
"Internal aerodynamics of rocket engines"
Short Course, v. Kàrman-Institut, Rhode-St.-Genèse
Note 58, April 1966, S. 153 ff.

[14] Zierep, J.
"Theorie der schallnahen und Hyperschallströmungen"
Verlag G. Braun, Karlsruhe 1966

[15] Martensen, E. und Sengbusch v.,K.
"Numerische Darstellung von ebenen und rotationssymmetrischen transsonischen Düsenströmungen mit gekrümmtem Schalldurchgang"
Mitteilungen aus dem Max-Planck-Institut für Strömungsforschung und der AVA, Göttingen 1958

[16] Shapiro, A. H.
"The dynamics and thermodynamics of compressible fluid flow" Vol. I and II.
The Ronald Press Company, New Jork 1954

[17] Carrière, P.
"Exhaust nozzles". In: Chauvin, J.: Supersonic turbojet propulsion systems an components.
AGARDograph No. 120

[18] Kramke, E.
"Differentialgleichungen"
Verlag Springer, Berlin

[19] Künkler, H.
"Ausgewählte Kapitel der Strahlantriebe"
Vorlesung an der RWTH Aachen, S. S. 1970

[20] Walz, A.
"Strömungs- und Temperaturgrenzschichten"

[21] Oswatitsch, K. und Rothstein, W.
"Das Strömungsfeld in einer Laval-Düse"
Jahrbuch dt. Luftfahrtforschung, Bd. I
Berlin 1942, S. 91 ff.

[22] Oswatitsch, K.
"Gasdynamik"

[23] Schlichting, H.
"Grenzschicht-Theorie", 3. Auflage
Verlag C. Braun, Karlsruhe 1958

[24] Abramovich, G.N.
"The theory of turbulent jets"
The MIT Press, Cambridge/Mass. 1963

[25] Abramovich, G. N.
"Angewandte Gasdynamik" 2. Auflage
VEB-Verlag Technik, Berlin 1958

[26] Szablewski, W.
"Zur Theorie der turbulenten Strömung von Gasen stark veränderter Dichte"
Ingenieur-Archiv, Bd 20 (1952), Nr. 2. S 67 ff.

[27] Reichardt, H.
"Über eine neue Theorie der freien Turbulenz"
ZAMM 21 (1941), Nr. 5 S. 257 ff.

[28] Szablewski, W.
"Turbulente Vermischung zweier ebener Luftstrahlen von fast gleicher Geschwindigkeit und stark unterschiedlicher Temperatur"
Ingenieur-Archiv, Bd 20 (1952), Nr. 2 S. 73 ff.

[29] Szablewski, W.
"Turbulente Vermischung ebener Heißluftstrahlen"
Ingenieur-Archiv, Bd 25 (1957), Nr. 1 S. 10 ff.

[30] Tollmien, W.
"Berechnung turbulenter Arbeitsvorgänge"
ZAMM (1926), Nr. 6, S. 468 ff.

[31] Görtler, H.
"Berechnung von Aufgaben der freien Turbulenz auf Grund eines neuen Näherungsansatzes"
ZAMM 22 (1942), Nr. 5, S. 244 ff.

[32] Gaballah, I.F.
"Theoretische Untersuchungen der Relaxationsvorgänge bei hohen Temperaturen im Hinblick auf die Berechnung und Optimierung von Schubdüsen"
Dissertation T.H. Aachen, Juli 1969

10. Bildanhang

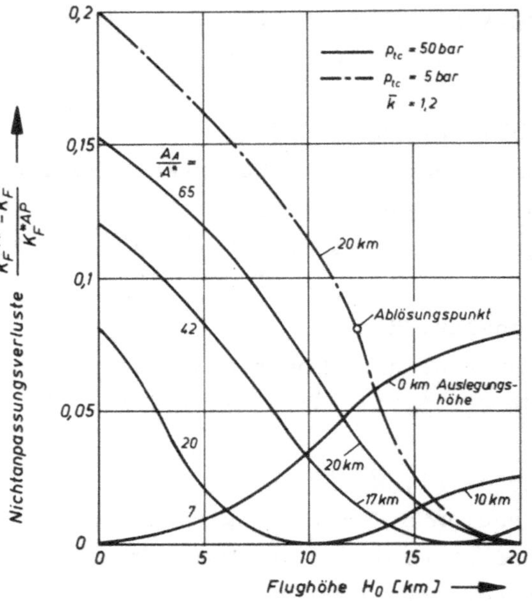

Abb. 1

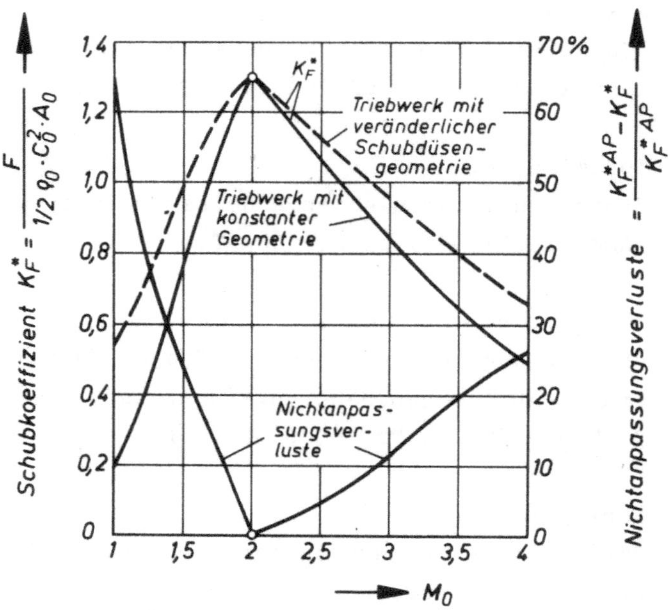

Abb. 2

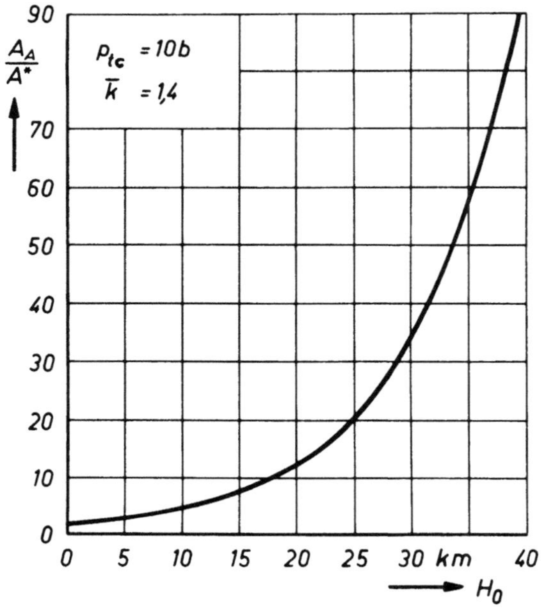

90
70
60
50
40
30
20
10
0
$\frac{A_A}{A^*}$
p_{tc} = 10 b
$\bar{k}$ = 1,4
0
5
10
15
20
25
30 km
40
H_0

Abb. 3

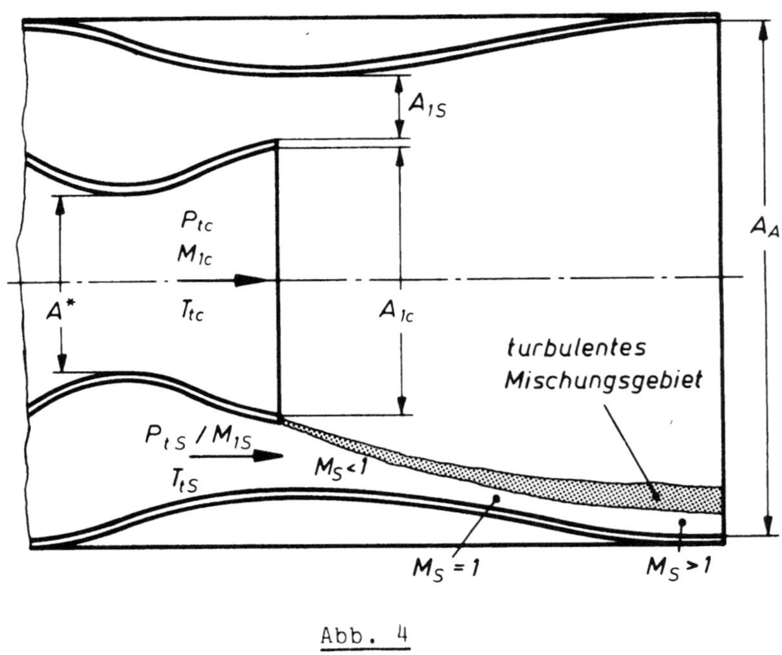

A_{1S}
A_A
P_{tc}
M_{1c}
A^*
T_{tc}
A_{1c}
turbulentes
Mischungsgebiet
P_{tS} / M_{1S}
T_{tS}
M_S < 1
M_S = 1
M_S > 1

Abb. 4

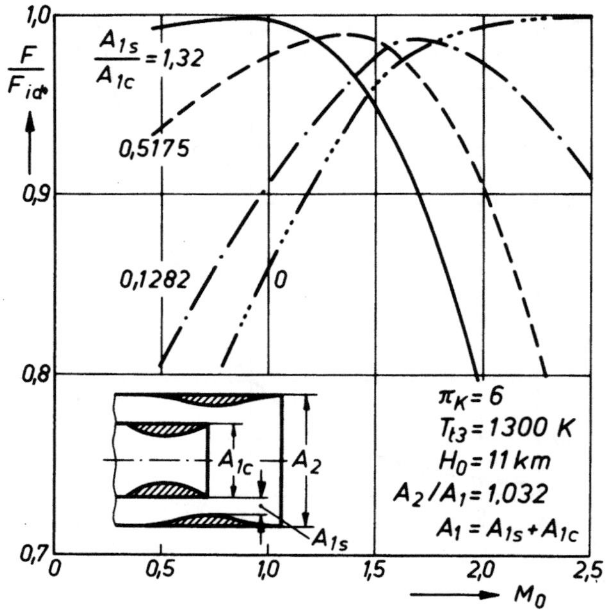
1,0
F/F_id
0,9
0,8
0,7
A1s/A1c = 1,32
0,5175
0,1282
0
πK = 6
Tt3 = 1300 K
H0 = 11 km
A2/A1 = 1,032
A1 = A1s + A1c
A1c
A2
A1s
0
0,5
1,0
1,5
2,0
2,5
M0

Abb. 5

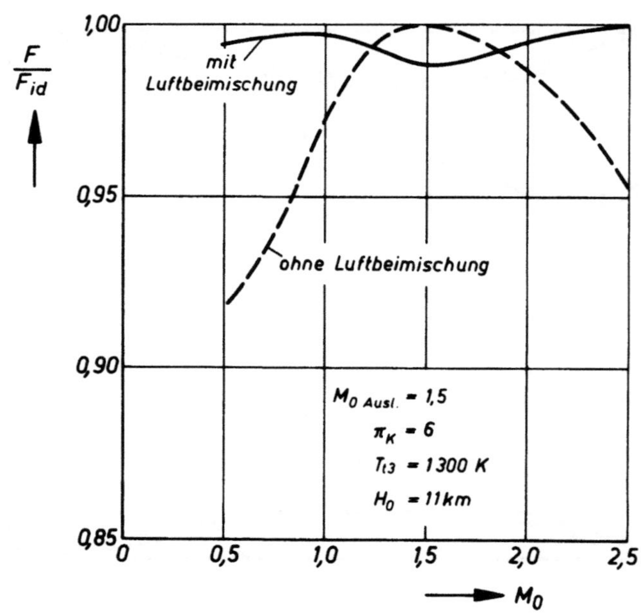
1,00
F/F_id
0,95
0,90
0,85
mit Luftbeimischung
ohne Luftbeimischung
M0 Ausl. = 1,5
πK = 6
Tt3 = 1300 K
H0 = 11km
0
0,5
1,0
1,5
2,0
2,5
M0

Abb. 6

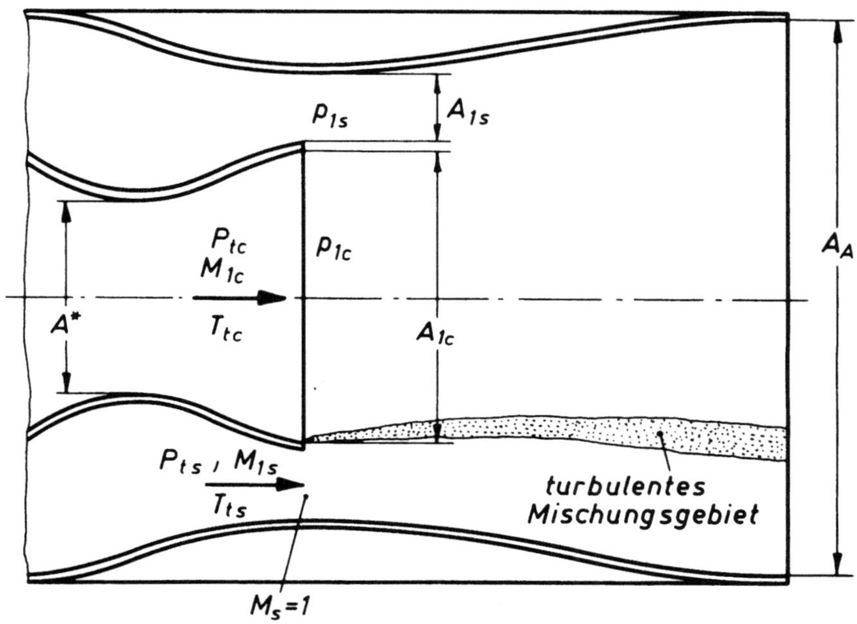
p_{1s}
A_{1s}
P_{tc}
M_{1c}
p_{1c}
A_A
A^*
T_{tc}
A_{1c}
P_{ts} , M_{1s}
T_{ts}
turbulentes Mischungsgebiet
$M_s = 1$

Abb. 7

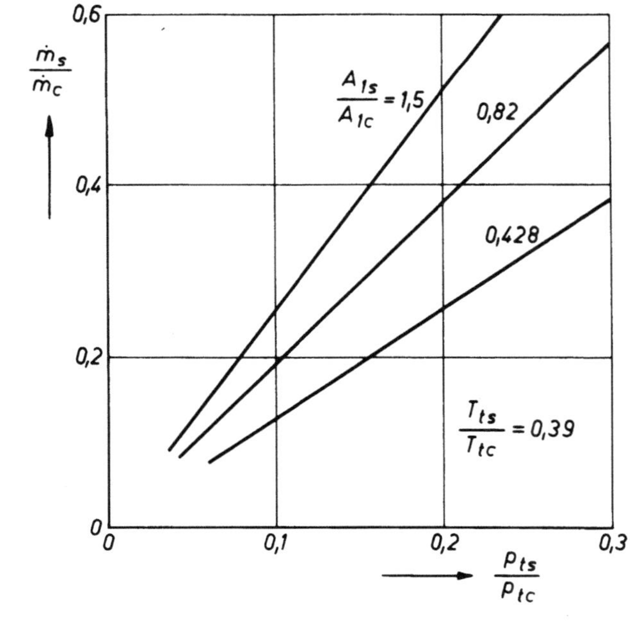
$\frac{\dot{m}_s}{\dot{m}_c}$
0,6
0,4
0,2
0
$\frac{A_{1s}}{A_{1c}} = 1,5$
0,82
0,428
$\frac{T_{ts}}{T_{tc}} = 0,39$
0
0,1
0,2
0,3
$\frac{p_{ts}}{p_{tc}}$

Abb. 8

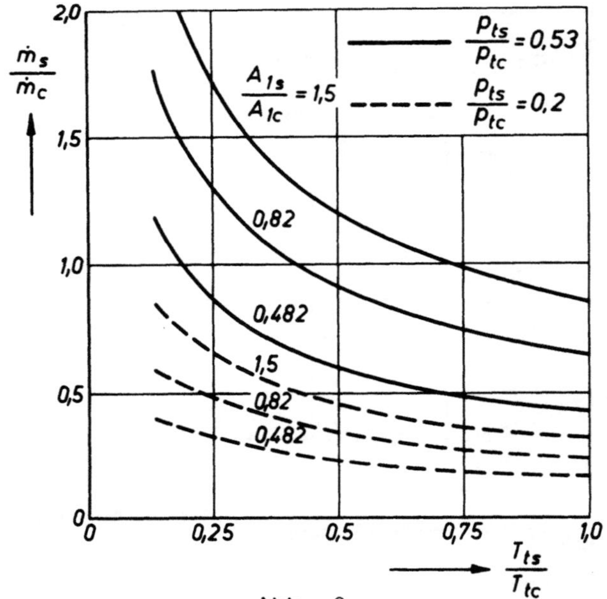

$\frac{\dot{m}_s}{\dot{m}_c}$
2,0
1,5
1,0
0,5
0
$\frac{p_{ts}}{p_{tc}} = 0,53$
$\frac{p_{ts}}{p_{tc}} = 0,2$
$\frac{A_{1s}}{A_{1c}} = 1,5$
0,82
0,482
1,5
0,82
0,482
0
0,25
0,5
0,75
1,0
$\frac{T_{ts}}{T_{tc}}$

Abb. 9

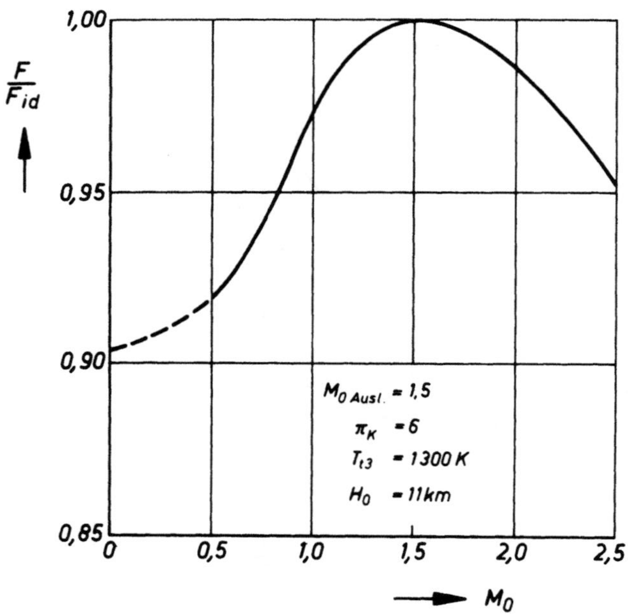

$\frac{F}{F_{id}}$
1,00
0,95
0,90
0,85
$M_{0\,Ausl.} = 1,5$
$\pi_K = 6$
$T_{t3} = 1300\,K$
$H_0 = 11 km$
0
0,5
1,0
1,5
2,0
2,5
M_0

Abb. 10

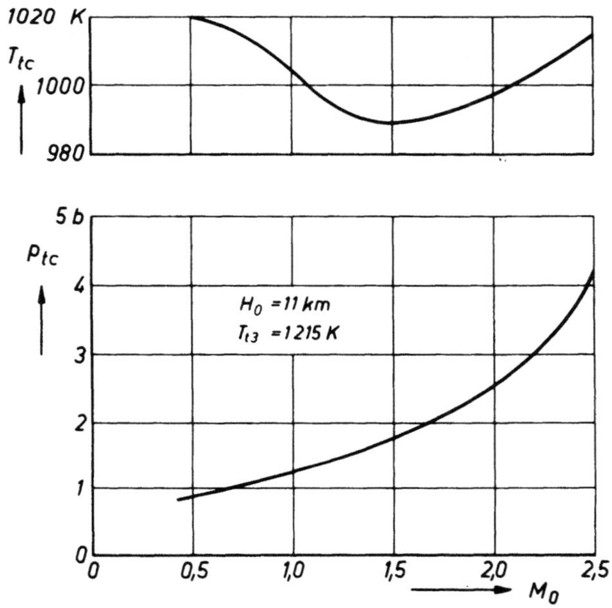
1020 K
T_{tc}
1000
980
5 b
p_{tc}
4
3
2
1
0
H_0 =11 km
T_{t3} =1215 K
0
0,5
1,0
1,5
2,0
2,5
M_0

Abb. 11

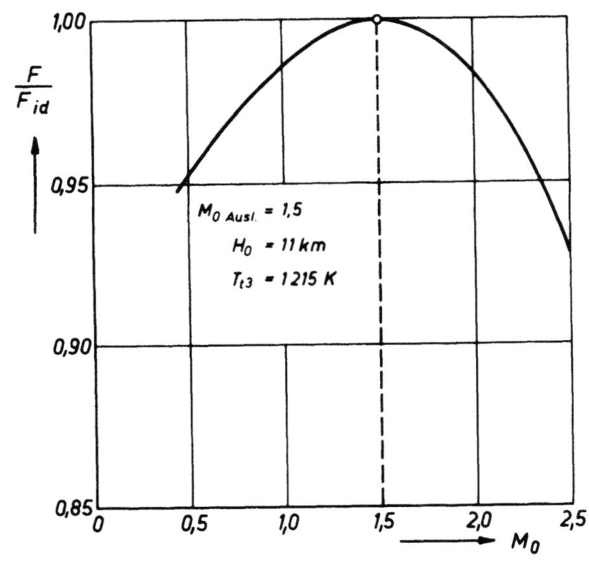
1,00
$\frac{F}{F_{id}}$
0,95
0,90
0,85
$M_{0\ Ausl.}$ = 1,5
H_0 = 11 km
T_{t3} = 1215 K
0
0,5
1,0
1,5
2,0
2,5
M_0

Abb. 12

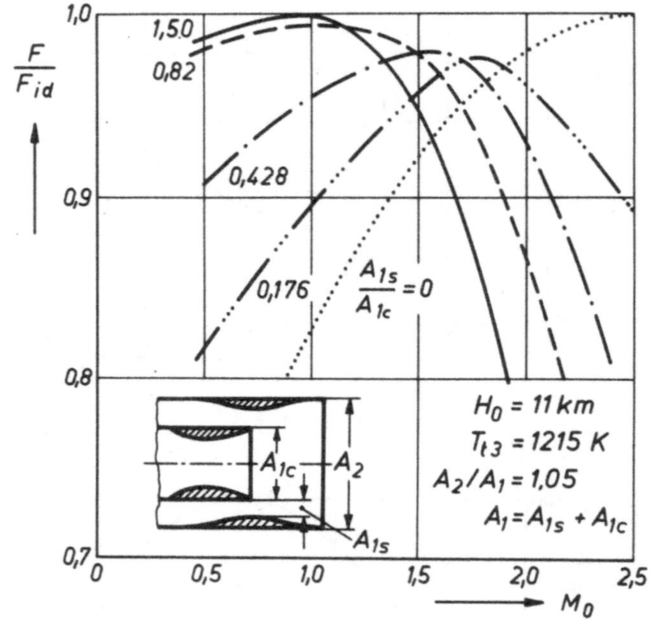
F / F_id
1,0
0,9
0,8
0,7
1,5.0
0,82
0,428
0,176
A1s / A1c = 0
A1c
A2
A1s
H0 = 11 km
Tt3 = 1215 K
A2/A1 = 1,05
A1 = A1s + A1c
0
0,5
1,0
1,5
2,0
2,5
M0

<u>Abb. 13</u>

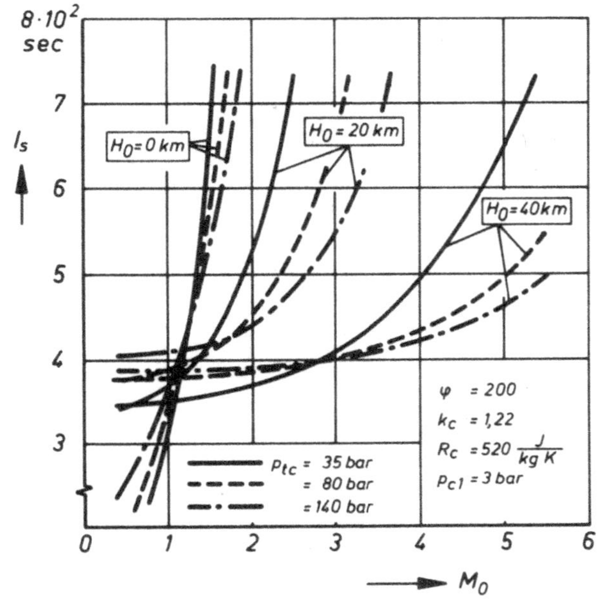

8·10²
sec
I_s
H_0= 0 km
H_0 = 20 km
H_0=40km
φ = 200
k_c = 1,22
R_c = 520 J/kg K
p_{c1} = 3 bar
p_{tc} = 35 bar
= 80 bar
= 140 bar
M_0

Abb. 14

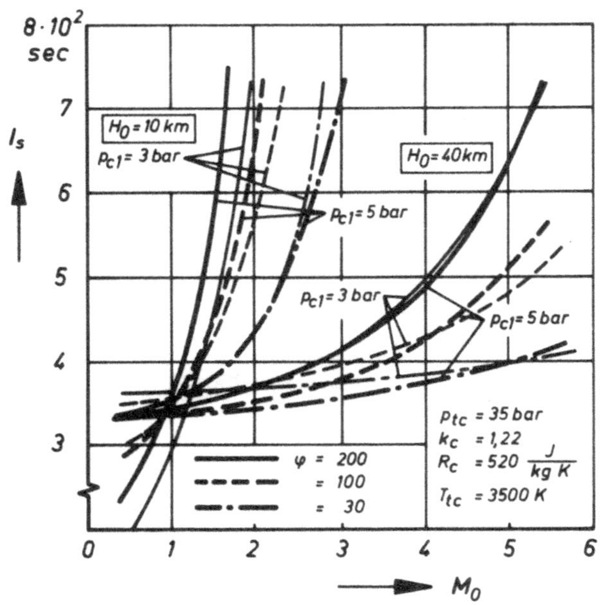

8·10²
sec
I_s
H_0= 10 km
p_{c1}= 3 bar
p_{c1}= 5 bar
H_0= 40km
p_{c1}= 3 bar
p_{c1}= 5 bar
φ = 200
= 100
= 30
p_{tc} = 35 bar
k_c = 1,22
R_c = 520 J/kg K
T_{tc} = 3500 K
M_0

Abb. 15

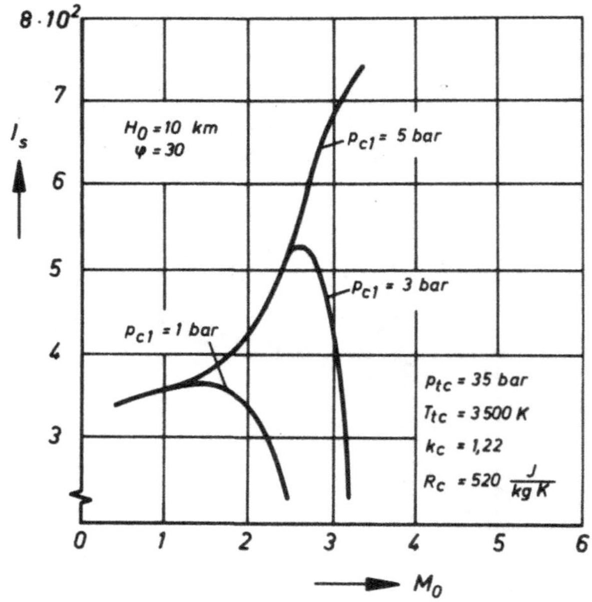
8·10²
7
6
5
4
3
I_s
H_0 = 10 km
φ = 30
p_{c1} = 5 bar
p_{c1} = 3 bar
p_{c1} = 1 bar
p_{tc} = 35 bar
T_{tc} = 3500 K
k_c = 1,22
R_c = 520 J/kg K
0
1
2
3
4
5
6
M_0

Abb. 16

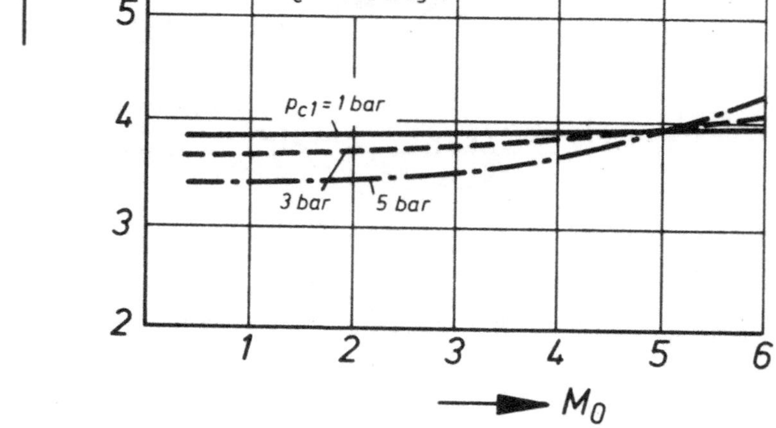
7·10²
sec
6
5
4
3
2
I_s
H_0 = 40 km
p_{tc} = 35 bar
T_{tc} = 3500 K
φ = 30
k_c = 1,22
R_c = 520 J/kg K
p_{c1} = 1 bar
3 bar
5 bar
1
2
3
4
5
6
M_0

Abb. 17

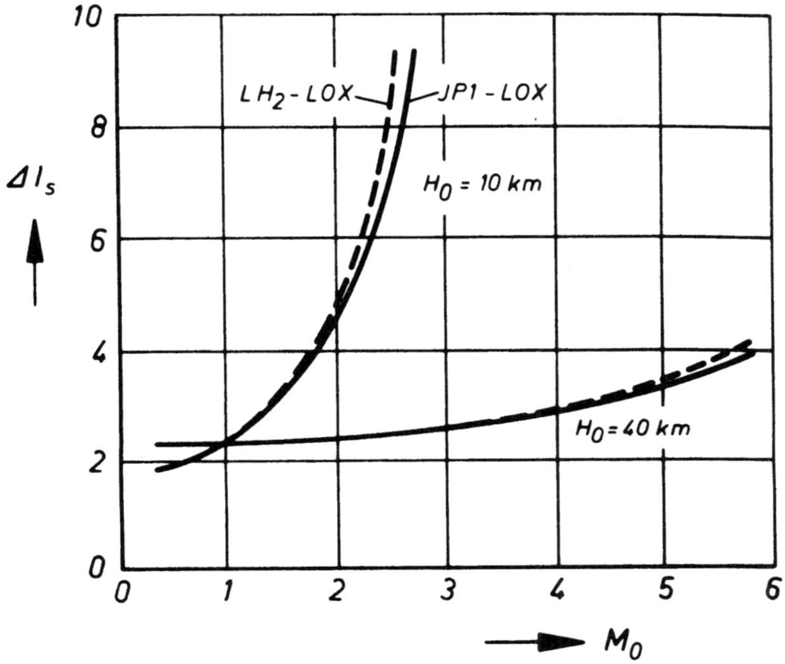

10
8
6
4
2
0
0
1
2
3
4
5
6
ΔI_s
M_0
LH2 - LOX
JP1 - LOX
H0 = 10 km
H0 = 40 km

Abb. 18

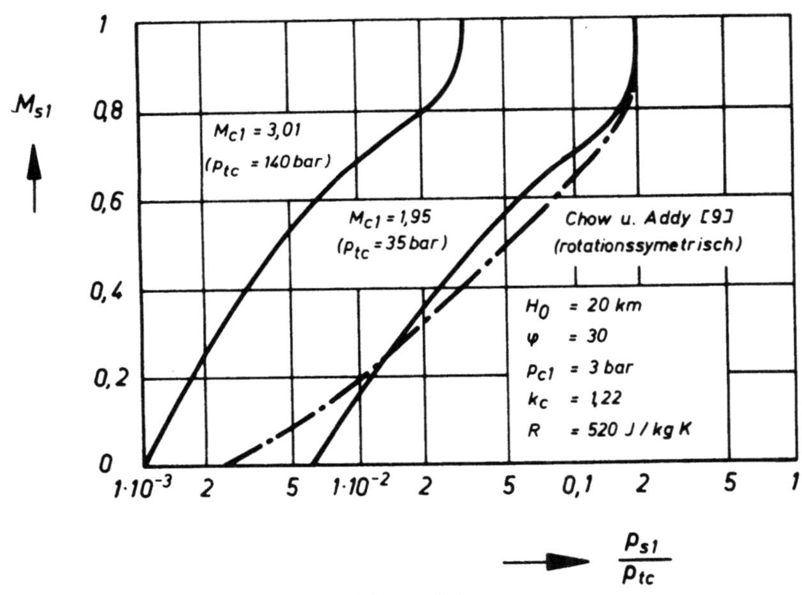

1
0,8
0,6
0,4
0,2
0
M_s1
1·10^-3
2
5
1·10^-2
2
5
0,1
2
5
1
p_s1 / p_tc
Mc1 = 3,01
(ptc = 140 bar)
Mc1 = 1,95
(ptc = 35 bar)
Chow u. Addy [9]
(rotationssymetrisch)
H0 = 20 km
φ = 30
pc1 = 3 bar
kc = 1,22
R = 520 J / kg K

Abb. 19

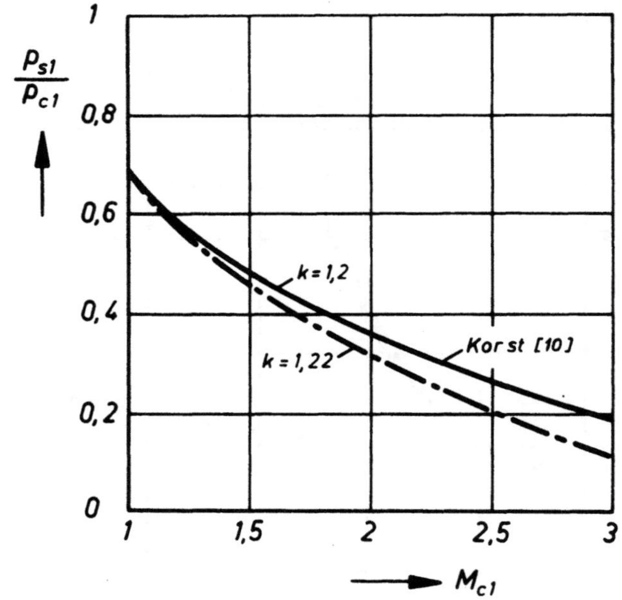

1
$\frac{p_{s1}}{p_{c1}}$
0,8
0,6
0,4
0,2
0
k = 1,2
k = 1,22
Korst [10]
1
1,5
2
2,5
3
M_{c1}

Abb. 20

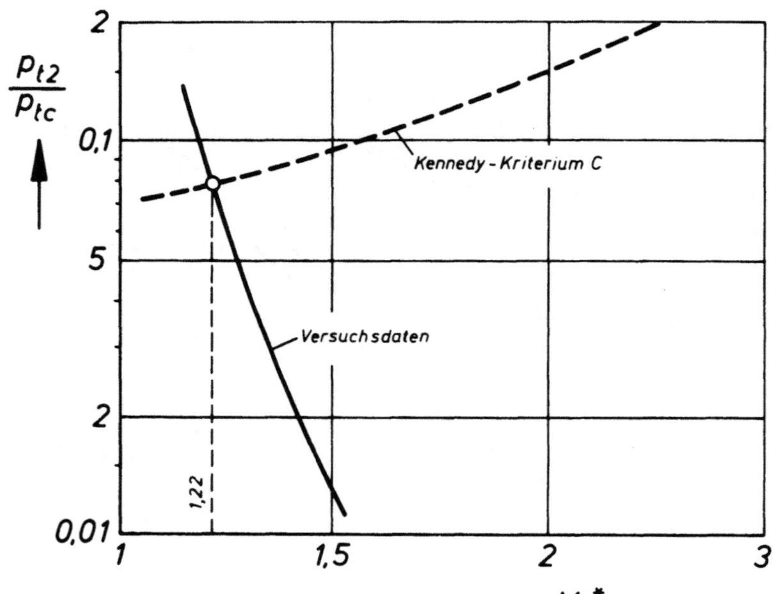

2
$\frac{p_{t2}}{p_{tc}}$
0,1
5
2
0,01
Kennedy - Kriterium C
Versuchsdaten
1,22
1
1,5
2
3
M_2^*

Abb. 21

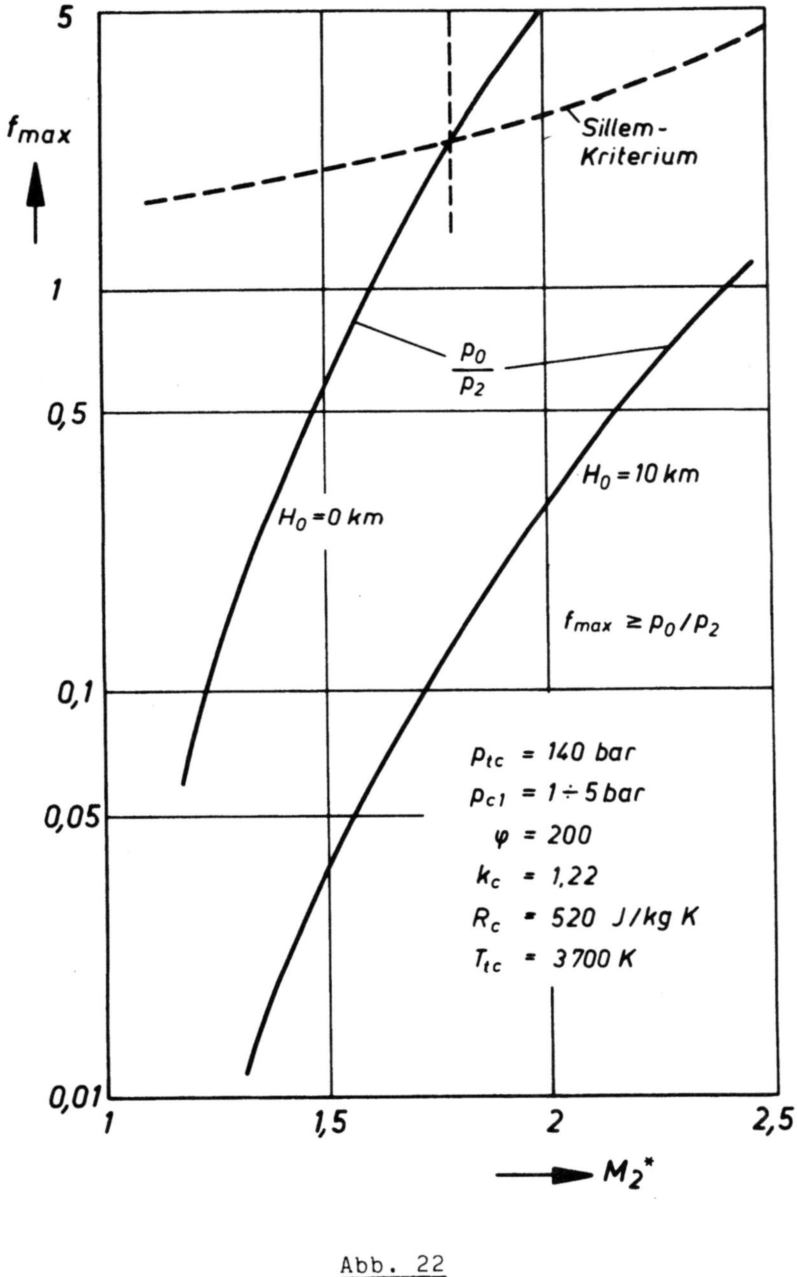
5
f_{max}
Sillem-Kriterium
1
$\frac{p_0}{p_2}$
0,5
$H_0 = 10\ km$
$H_0 = 0\ km$
$f_{max} \geq p_0/p_2$
0,1
$p_{tc} = 140$ bar
$p_{c1} = 1 \div 5$ bar
$\varphi = 200$
0,05
$k_c = 1,22$
$R_c = 520$ J/kg K
$T_{tc} = 3700$ K
0,01
1
1,5
2
2,5
M_2^*

Abb. 22

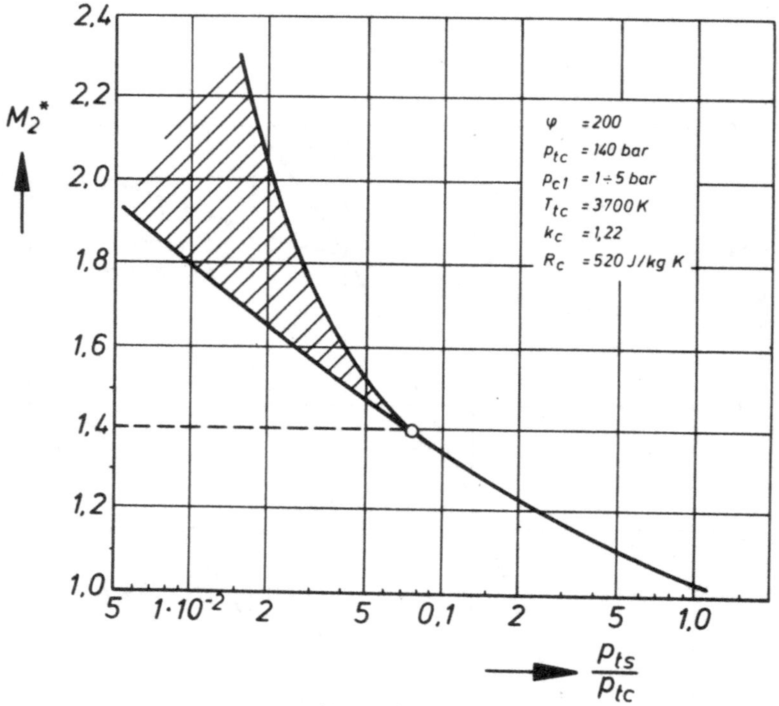

M_2^*
2,4
2,2
2,0
1,8
1,6
1,4
1,2
1,0
5
1·10^-2
2
5
0,1
2
5
1,0
φ = 200
p_{tc} = 140 bar
p_{c1} = 1÷5 bar
T_{tc} = 3700 K
k_c = 1,22
R_c = 520 J/kg K
$\frac{p_{ts}}{p_{tc}}$

Abb. 23

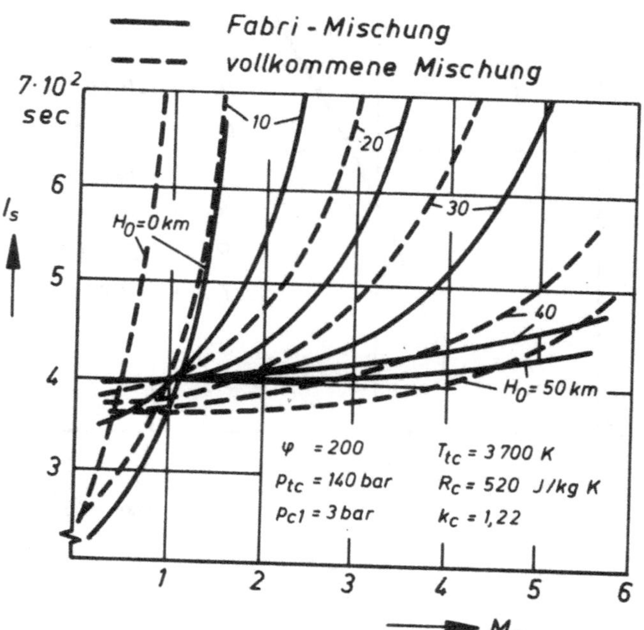

Fabri - Mischung
vollkommene Mischung
7·10^2 sec
I_s
6
5
4
3
10
20
30
40
H_0=0 km
H_0= 50 km
φ = 200
p_{tc} = 140 bar
p_{c1} = 3 bar
T_{tc} = 3 700 K
R_c = 520 J/kg K
k_c = 1,22
1
2
3
4
5
6
M_0

Abb. 24

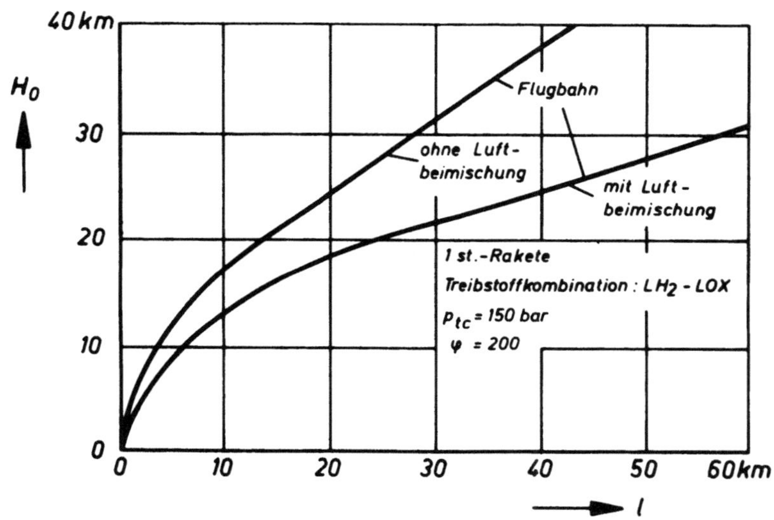
40 km
H_0
30
20
10
0
0
10
20
30
40
50
60km
l
Flugbahn
ohne Luft-
beimischung
mit Luft-
beimischung
1 st.-Rakete
Treibstoffkombination : LH_2 - LOX
p_{tc} = 150 bar
φ = 200

Abb. 25

Dimensionslose Parallelstrahldüse für die Austrittsmachzahl
$M_A = 1{,}7$; $k = 1{,}3$

a) Linien konstanter Machzahl
b) Machzahlverlauf längs der Kontur
c) Charakteristikennetz
d) Machzahlverlauf längs der Düsenachse

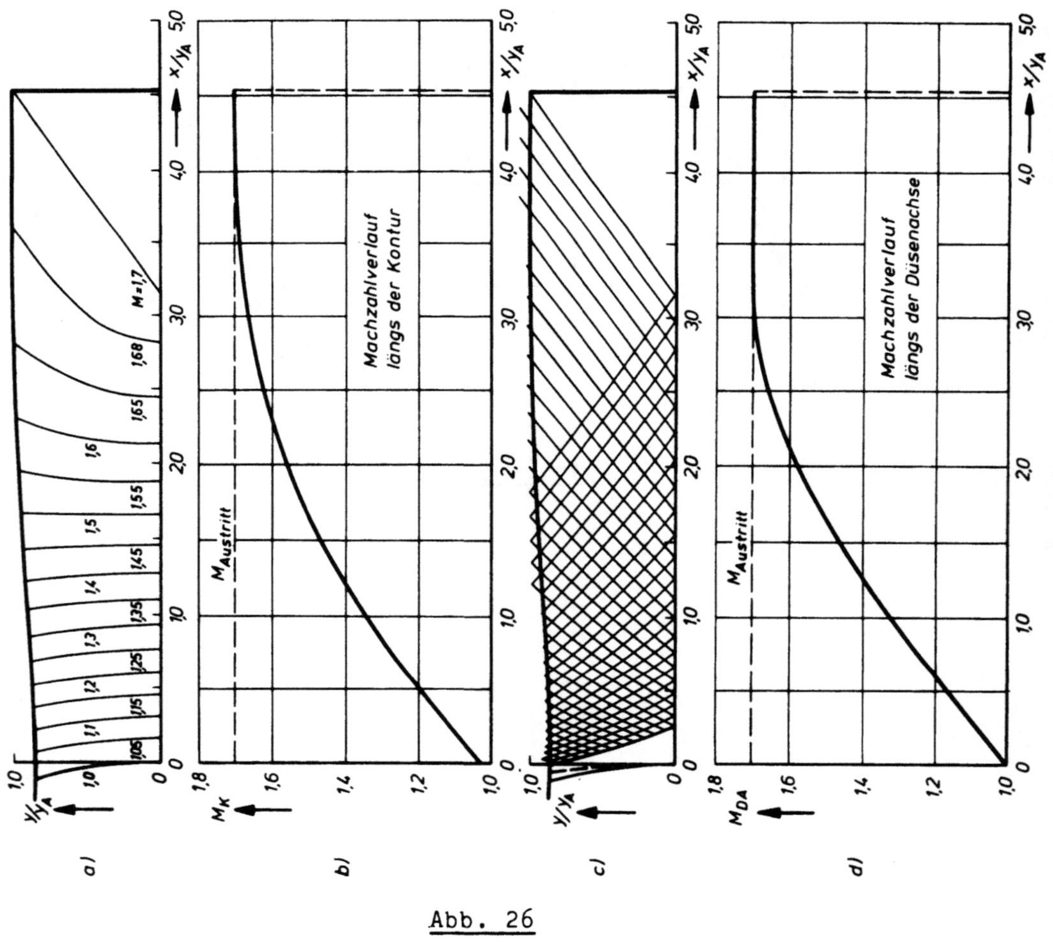

Abb. 26

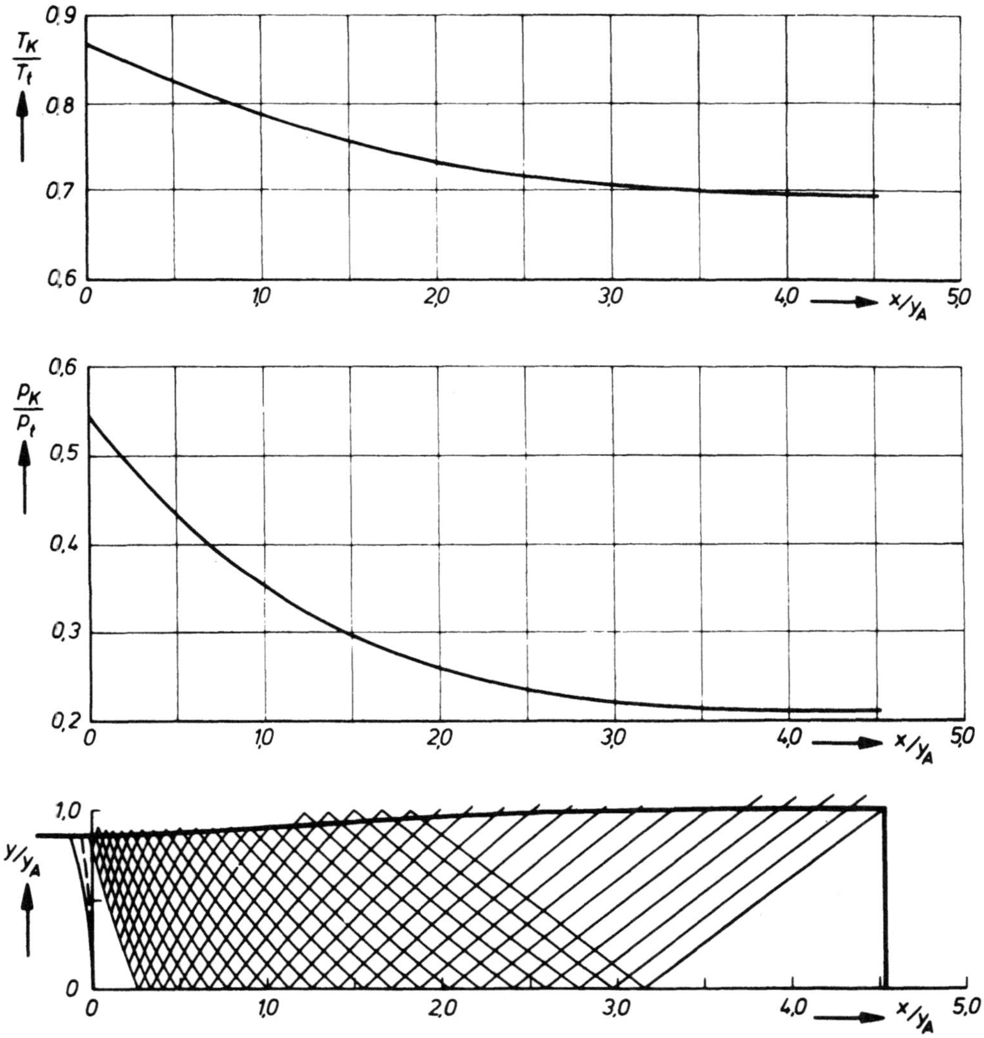
0,9
$\frac{T_K}{T_t}$
0,8
0,7
0,6
0
1,0
2,0
3,0
4,0
x/y_A
5,0
0,6
$\frac{p_K}{p_t}$
0,5
0,4
0,3
0,2
0
1,0
2,0
3,0
4,0
x/y_A
5,0
1,0
y/y_A
0
0
1,0
2,0
3,0
4,0
x/y_A
5,0

Abb. 27

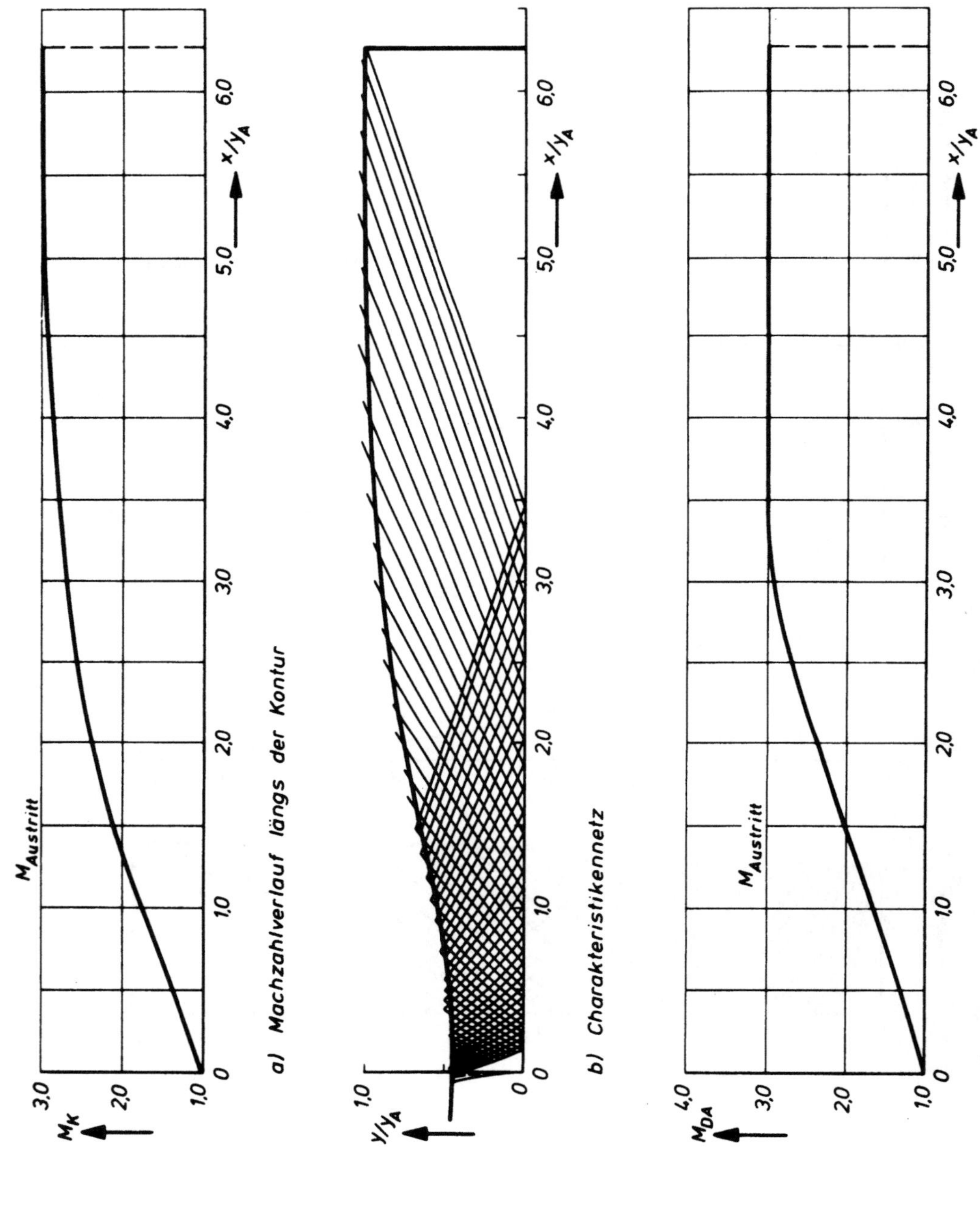

$M_{Austritt}$
M_K
x/y_A
a) Machzahlverlauf längs der Kontur
y/y_A
b) Charakteristikennetz
$M_{Austritt}$
M_{DA}
c) Machzahlverlauf längs der Düsenachse

Abb. 28

Dimensionslose Parallelstrahldüse für die Austrittsmachzahl
$M_A = 1{,}7$; $k = 1{,}4$

a) Linien konstanter Machzahl
b) Machzahlverteilung längs der Düsenkontur
c) Charakteristikennetz
d) Machzahlverteilung längs der Düsenachse

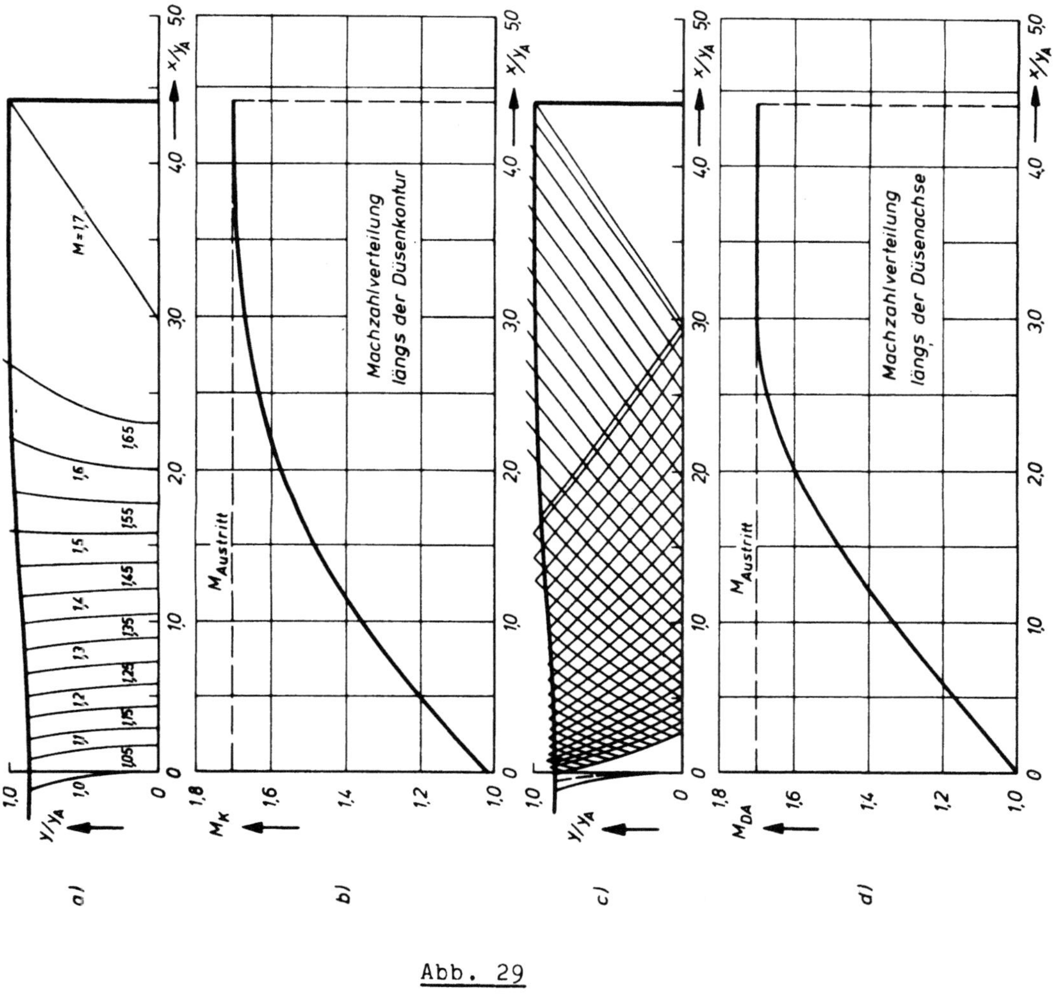

Abb. 29

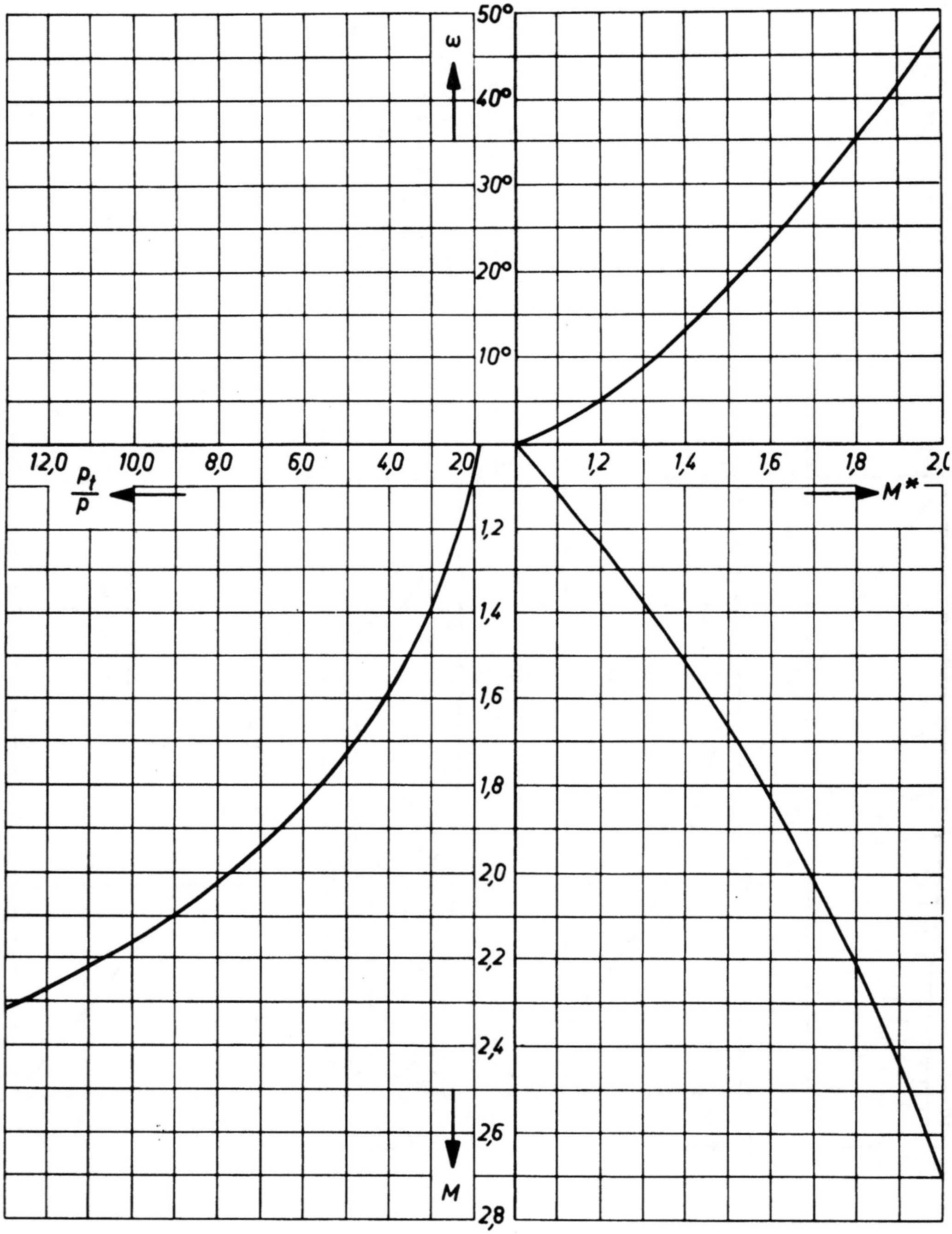
ω
50°
40°
30°
20°
10°
12,0
10,0
8,0
6,0
4,0
2,0
$\frac{p_t}{p}$
1,2
1,4
1,6
1,8
2,0
M*
1,2
1,4
1,6
1,8
2,0
2,2
2,4
2,6
2,8
M

Abb. 30

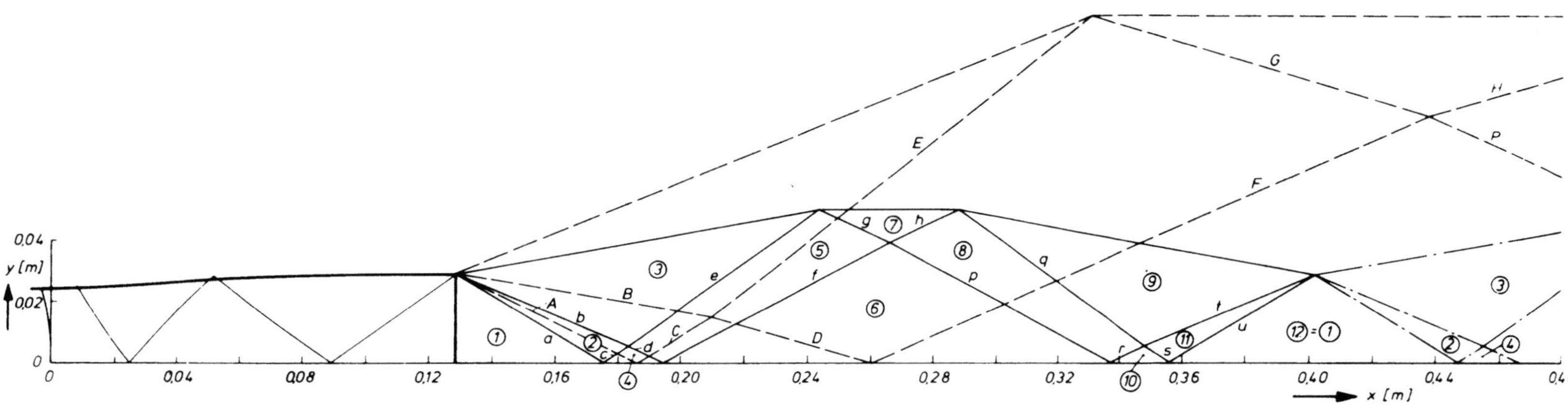

Expansions - Kompressions - Gebiet einer unterexpandierenden Düse

— — — $\frac{p_t}{p_a} = 16$

——— $\frac{p_t}{p_a} = 8$

$\dot{m} = 1 \frac{kg}{s}$; $T_0 = 1273\,K$; $M_A = 1{,}7$; $k = 1{,}3$

Abb. 31

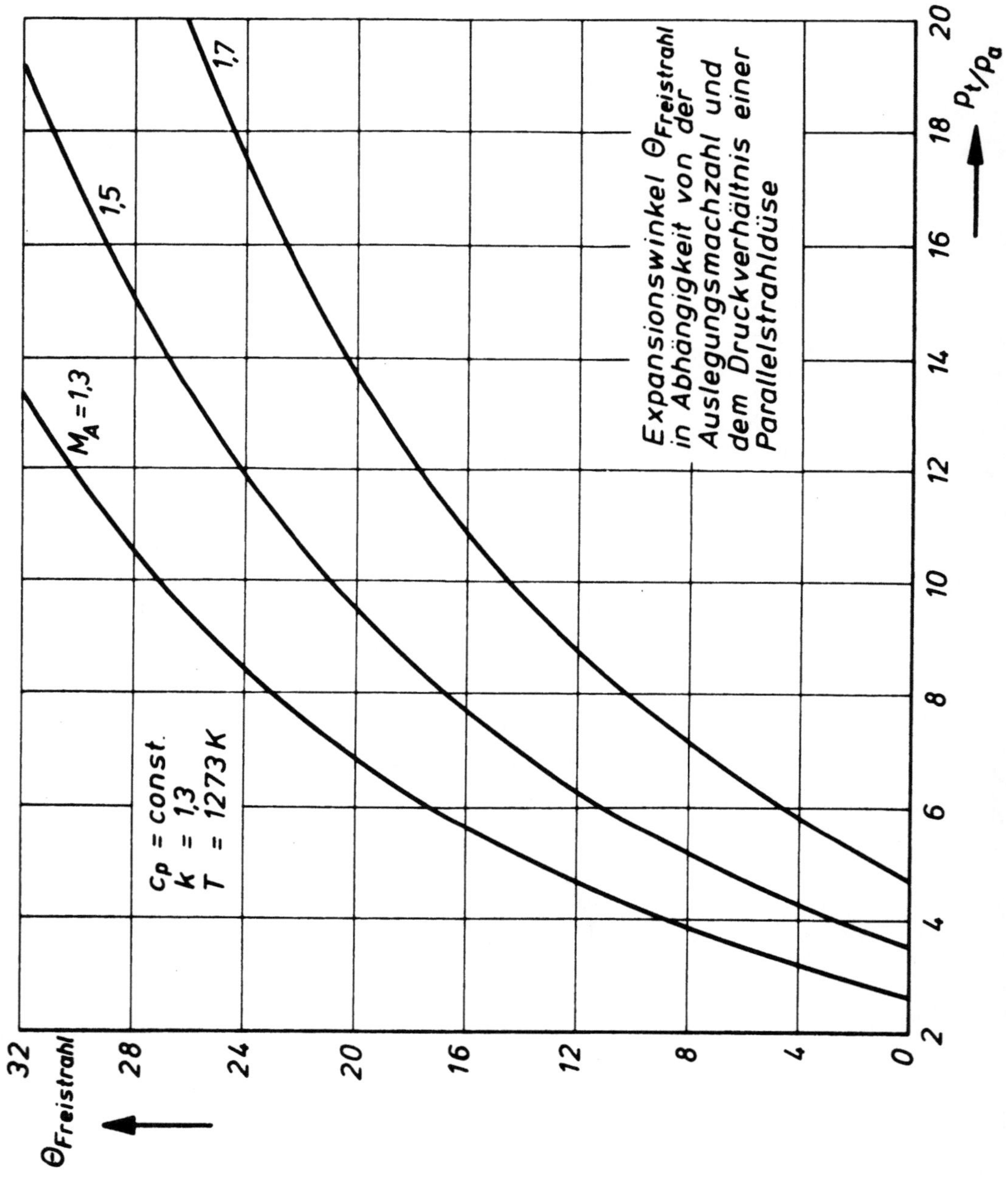
Expansionswinkel Θ_Freistrahl in Abhängigkeit von der Auslegungsmachzahl und dem Druckverhältnis einer Parallelstrahldüse
c_p = const.
k = 1,3
T = 1273 K
M_A = 1,3
1,5
1,7
Θ_Freistrahl
p_t/p_a
0
4
8
12
16
20
24
28
32
2
6
10
14
18

Abb. 32

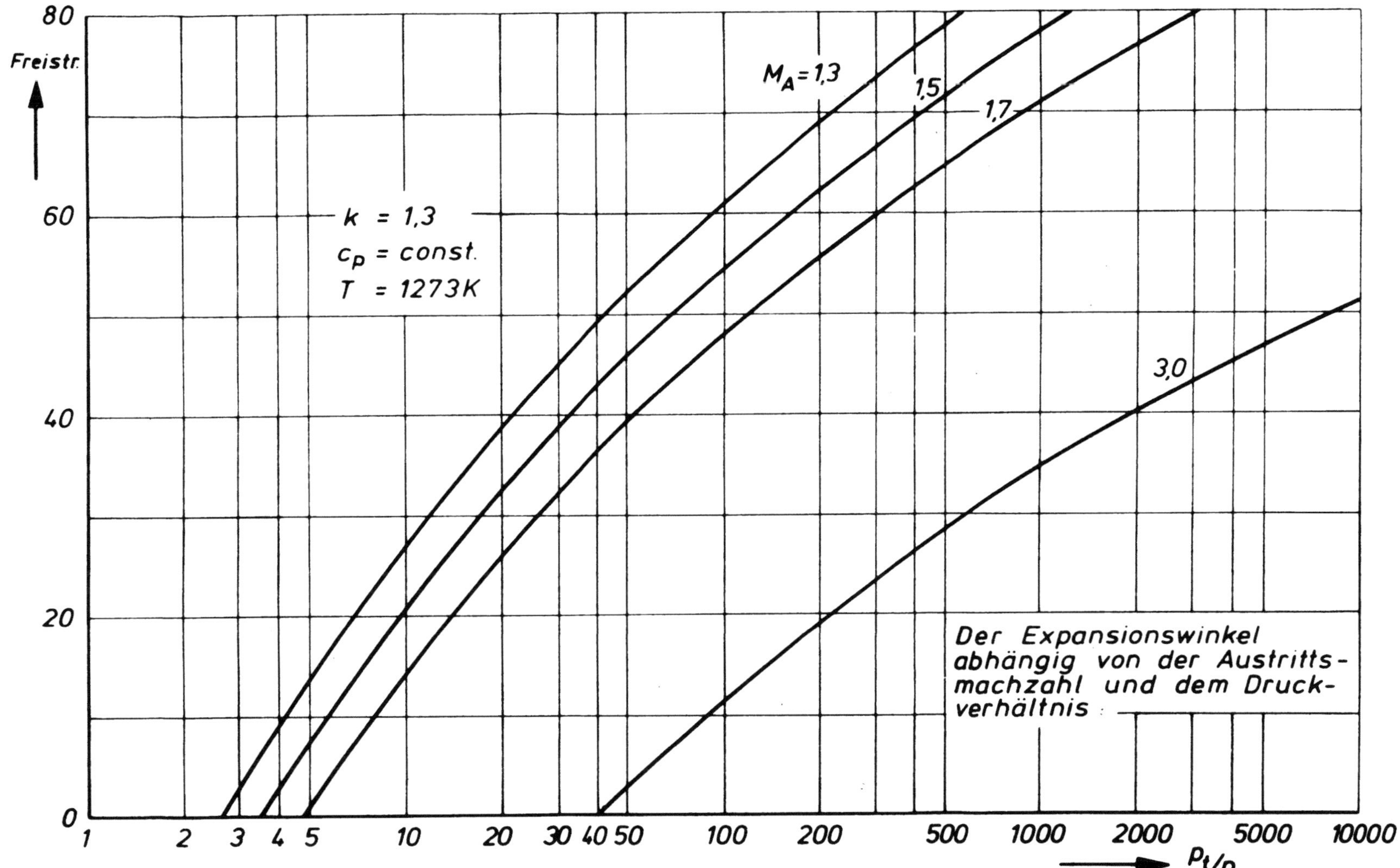

80
60
40
20
0
Freistr.
k = 1,3
c_p = const.
T = 1273K
M_A = 1,3
1,5
1,7
3,0
Der Expansionswinkel abhängig von der Austritts-machzahl und dem Druck-verhältnis :
1
2
3
4
5
10
20
30
40
50
100
200
500
1000
2000
5000
10000
p_t/p_a

Abb. 33

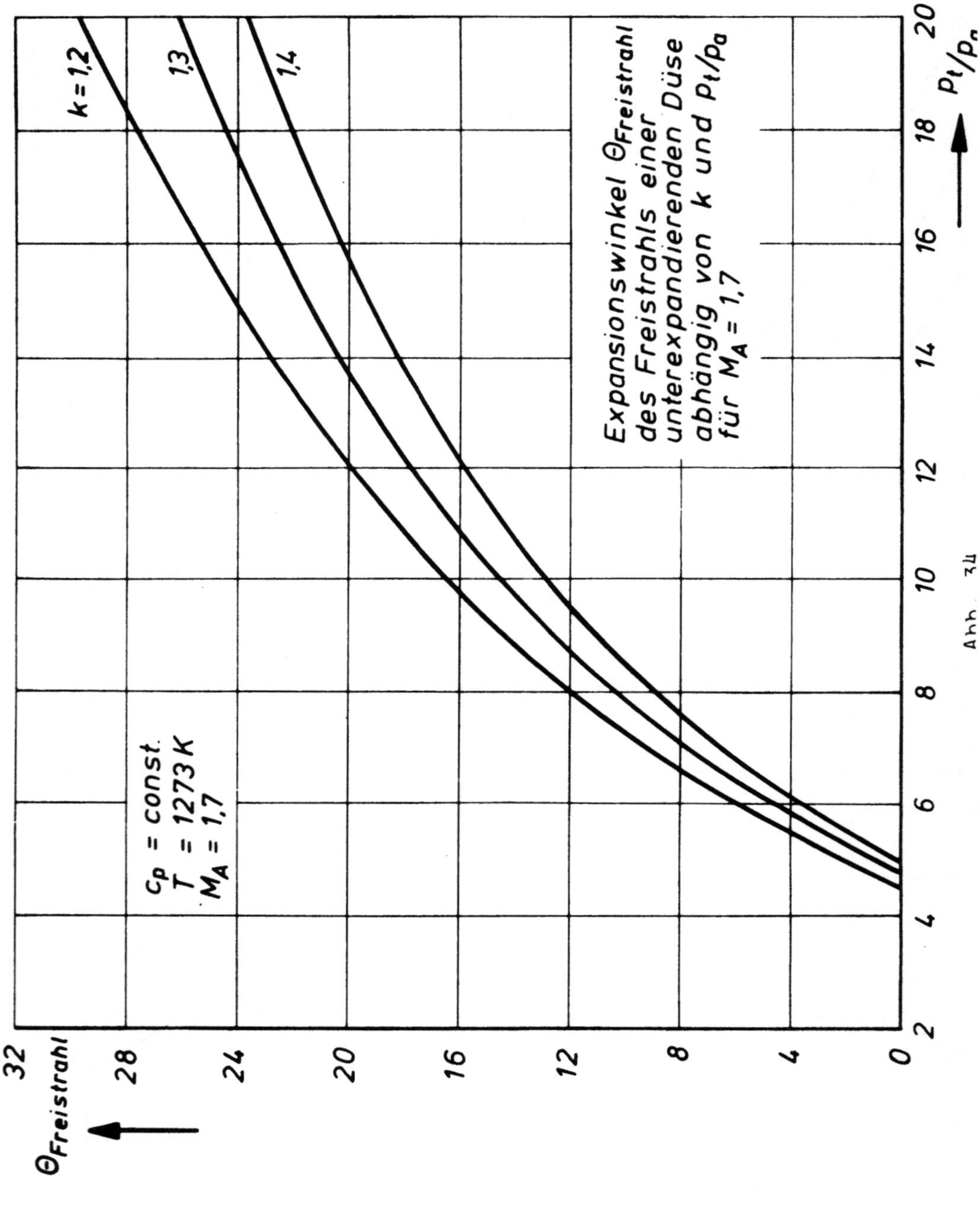
$\Theta_{Freistrahl}$
32
28
24
20
16
12
8
4
0
2
4
6
8
10
12
14
16
18
20
p_t/p_a
k = 1,2
1,3
1,4
c_p = const.
T = 1273 K
M_A = 1,7
Expansionswinkel $\Theta_{Freistrahl}$
des Freistrahls einer
unterexpandierenden Düse
abhängig von k und p_t/p_a
für M_A = 1,7

Abb. 34

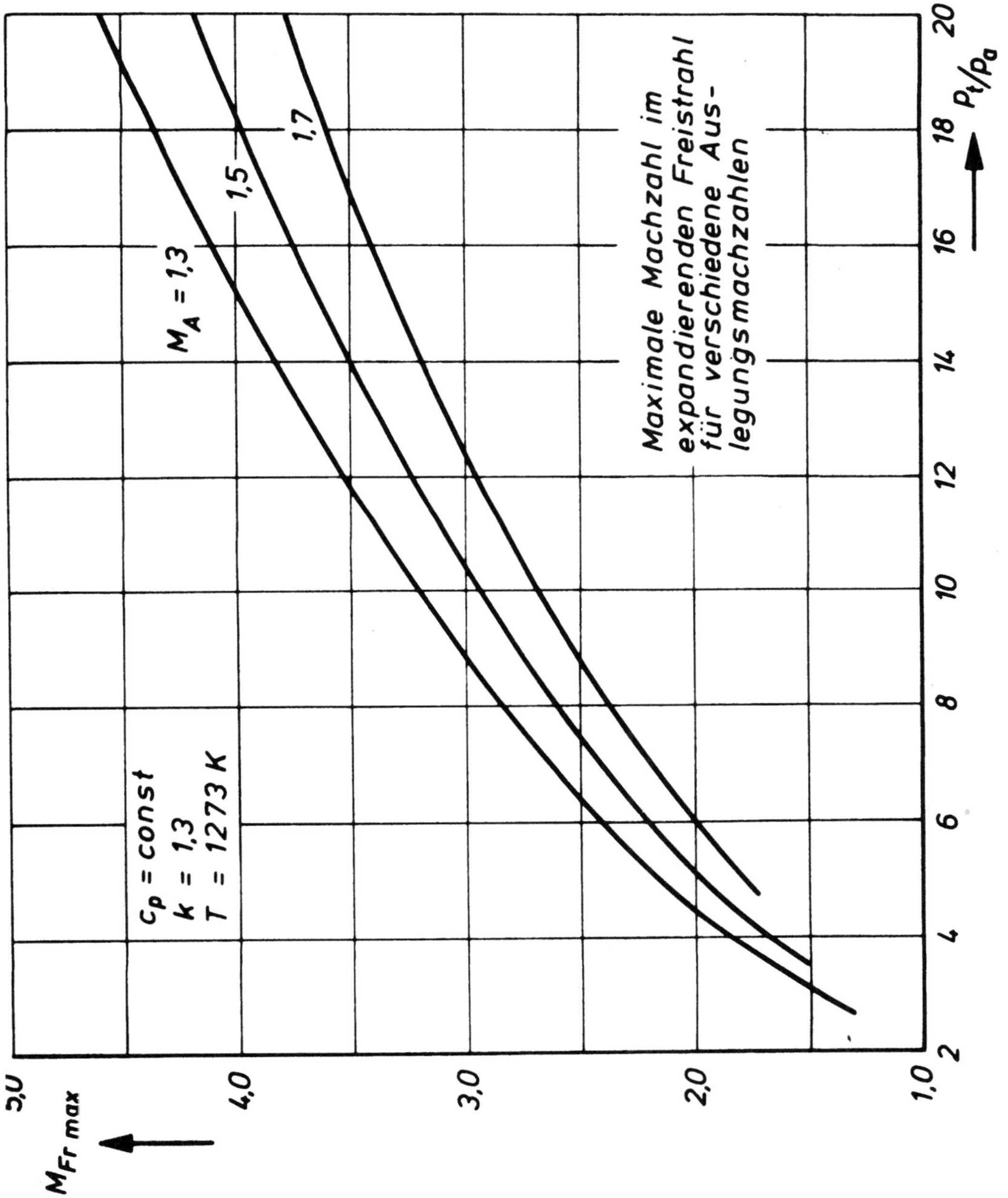

Maximale Machzahl im expandierenden Freistrahl für verschiedene Auslegungsmachzahlen
$M_A = 1,3$
1,5
1,7
$c_p = const$
$k = 1,3$
$T = 1273\ K$
p_t/p_a
2
4
6
8
10
12
14
16
18
20
$M_{Fr\,max}$
1,0
2,0
3,0
4,0

Abb. 35

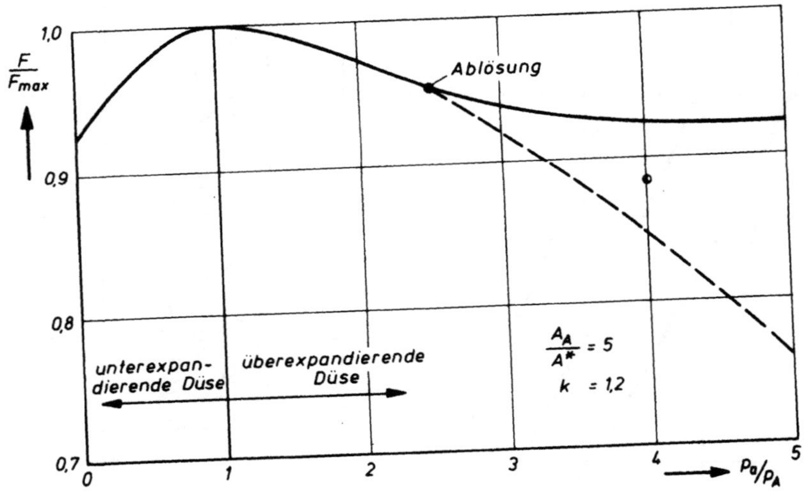
1,0
0,9
0,8
0,7
$\frac{F}{F_{max}}$
Ablösung
$\frac{A_A}{A^*} = 5$
k = 1,2
unterexpan-
dierende Düse
überexpandierende
Düse
0
1
2
3
4
5
p_a/p_A

Abb. 36

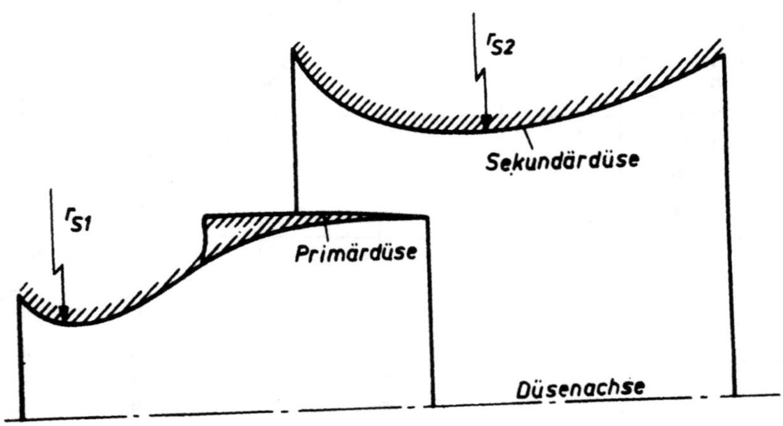
r_{S2}
Sekundärdüse
r_{S1}
Primärdüse
Düsenachse

Abb. 37

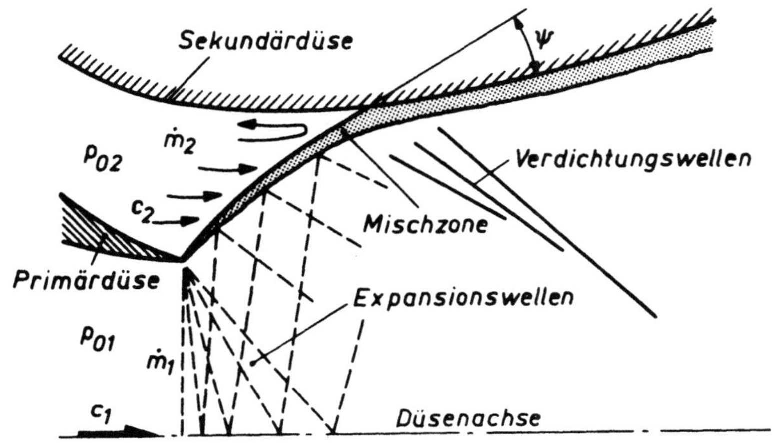
Sekundärdüse
ψ
$\dot{m}_2$
p_{02}
Verdichtungswellen
c_2
Mischzone
Primärdüse
Expansionswellen
p_{01}
$\dot{m}_1$
c_1
Düsenachse

Abb. 38

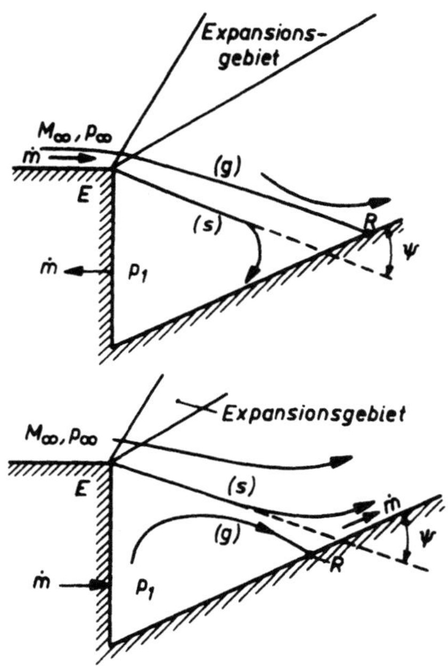
Expansions-
gebiet
M_∞, p_∞
$\dot{m}$
(g)
E
(s)
R
ψ
$\dot{m}$
p_1
Expansionsgebiet
M_∞, p_∞
E
(s)
$\dot{m}$
(g)
ψ
R
$\dot{m}$
p_1

Abb. 39

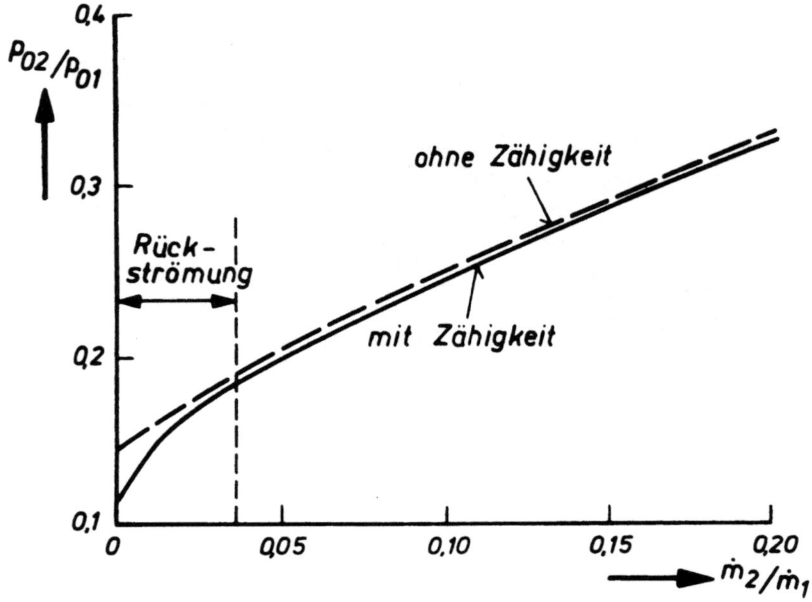
0,4
p_{02}/p_{01}
0,3
Rück-
strömung
ohne Zähigkeit
mit Zähigkeit
0,2
0,1
0
0,05
0,10
0,15
0,20
$\dot{m}_2/\dot{m}_1$

Abb. 40

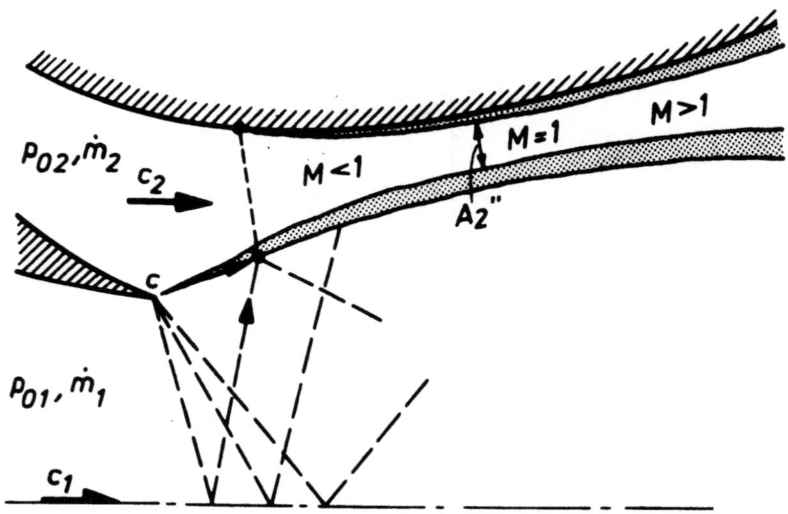
$p_{02}, \dot{m}_2$
c_2
M<1
M=1
M>1
A_2''
c
$p_{01}, \dot{m}_1$
c_1

Abb. 41

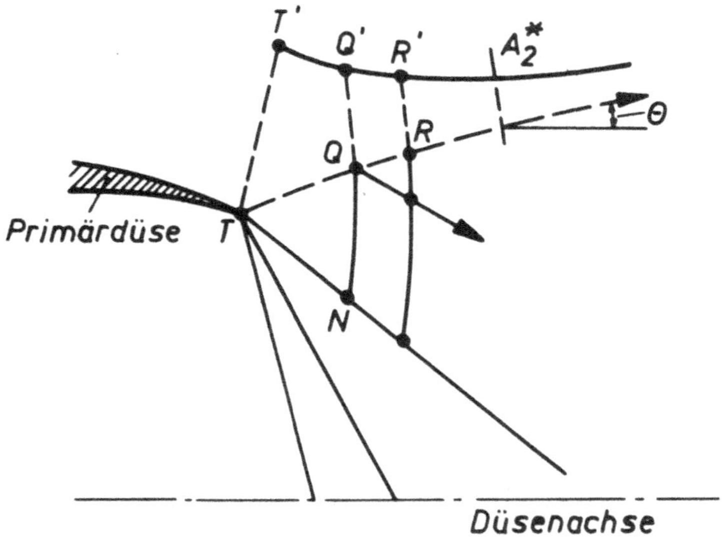

Abb. 42

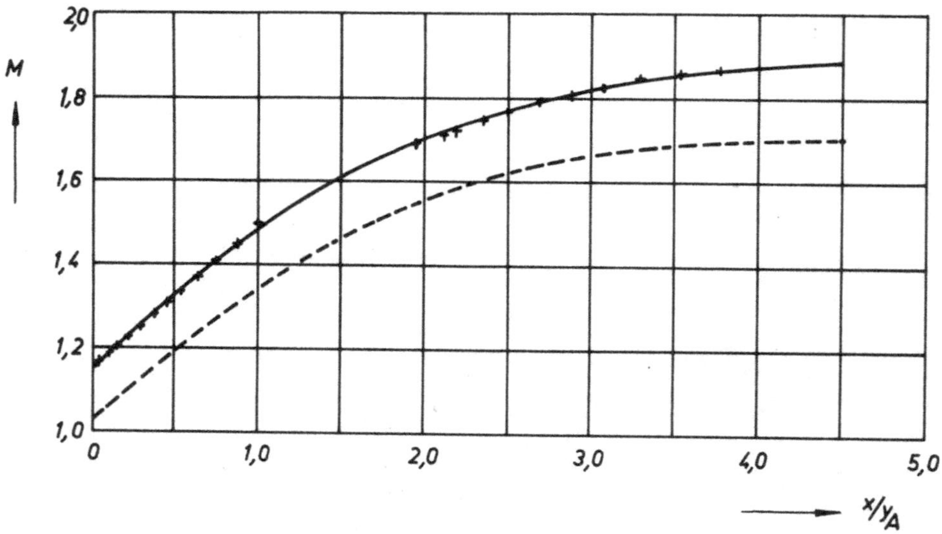
2,0
M
1,8
1,6
1,4
1,2
1,0
0
1,0
2,0
3,0
4,0
5,0
x/yA

Abb. 43

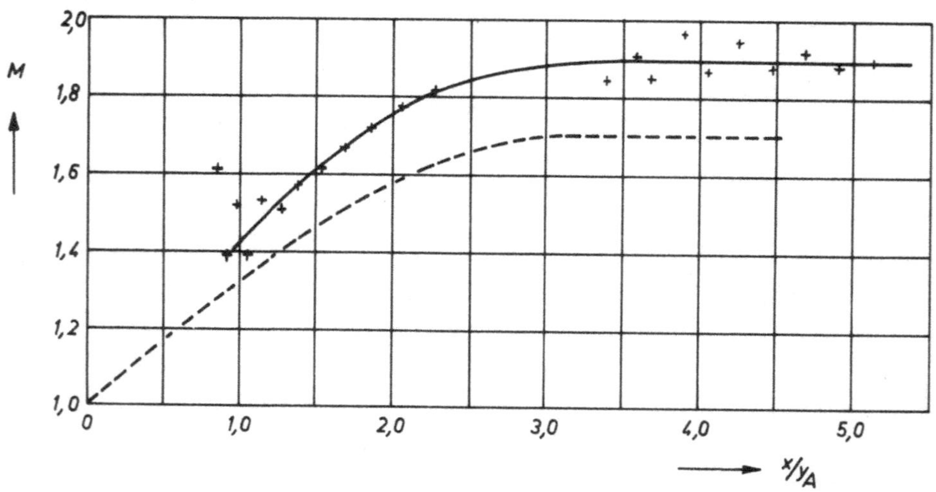
2,0
M
1,8
1,6
1,4
1,2
1,0
0
1,0
2,0
3,0
4,0
5,0
x/yA

Abb. 44

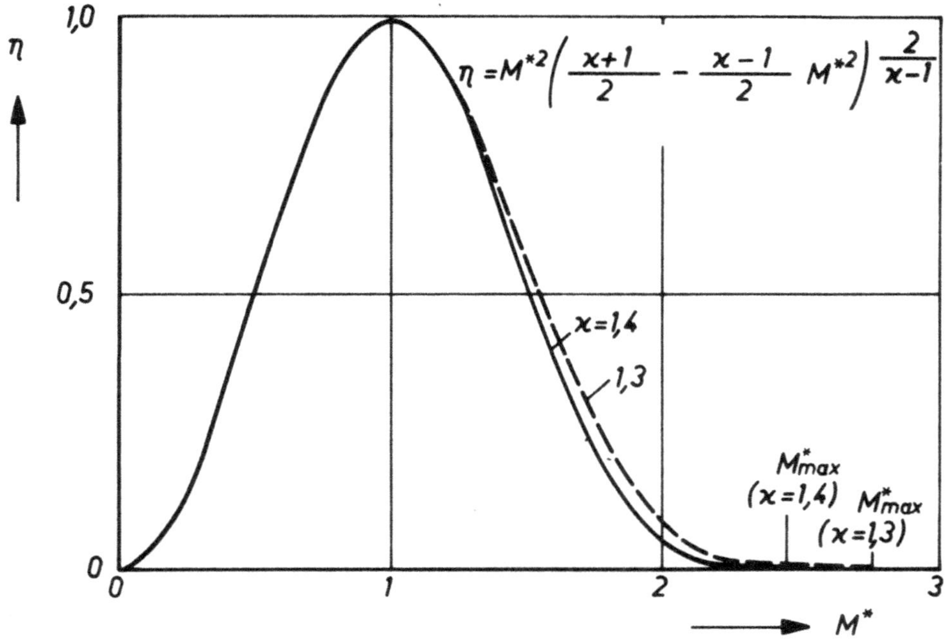
η
1,0
0,5
0
0
1
2
3
M*
$\eta = M^{*2}\left(\frac{\varkappa+1}{2} - \frac{\varkappa-1}{2} M^{*2}\right)^{\frac{2}{\varkappa-1}}$
ϰ=1,4
1,3
M*max (ϰ=1,4)
M*max (ϰ=1,3)

Abb. 45

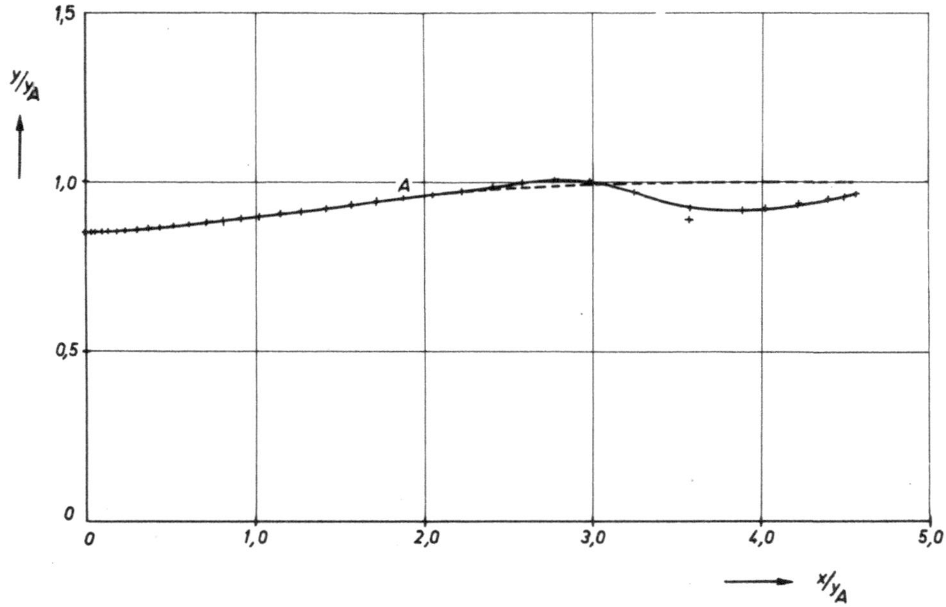
y/yA
1,5
1,0
0,5
0
A
0
1,0
2,0
3,0
4,0
5,0
x/yA

Abb. 46

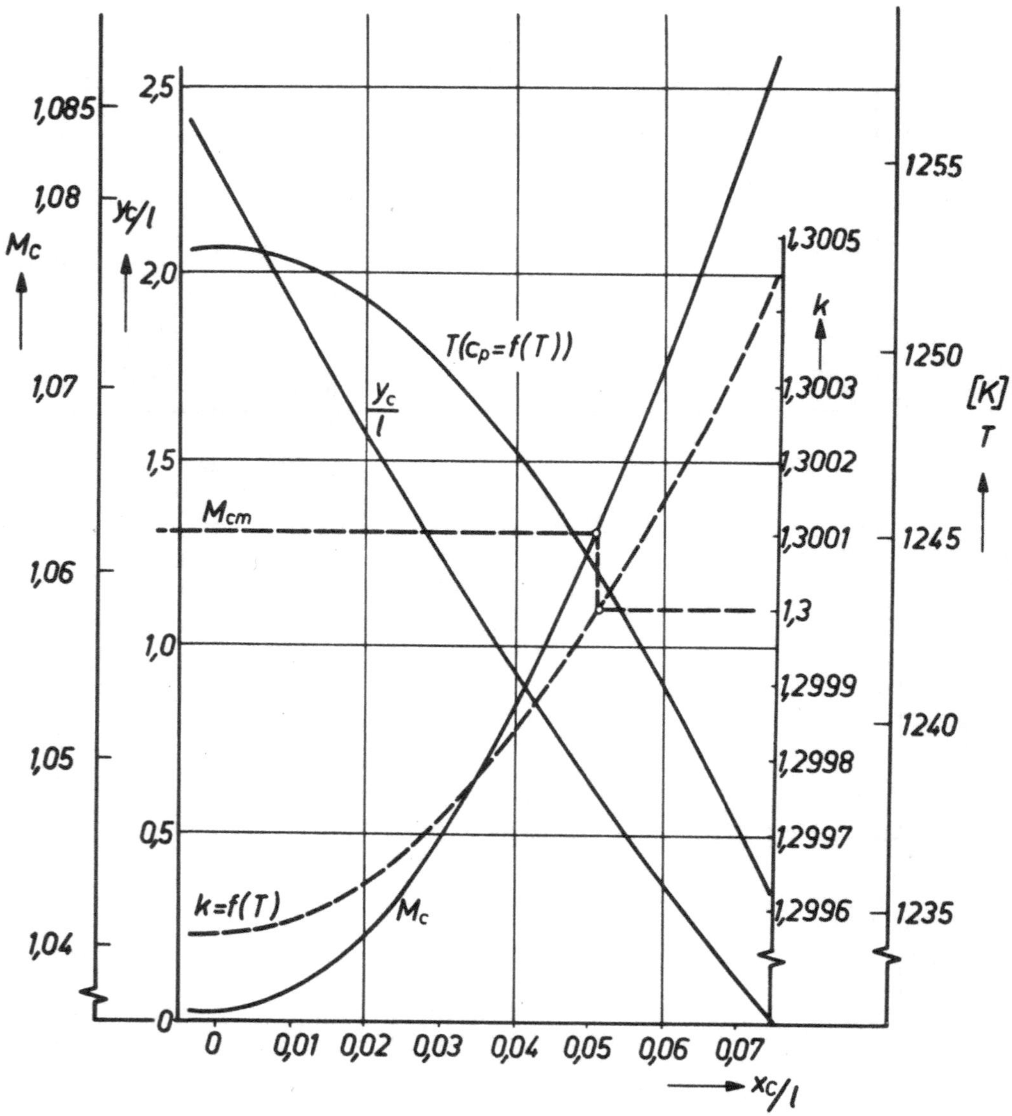

1,085
1,08
1,07
1,06
1,05
1,04
M_c
2,5
2,0
1,5
1,0
0,5
0
y_c/l
$T(c_p=f(T))$
$\frac{y_c}{l}$
M_{cm}
$k=f(T)$
M_c
1,3005
1,3003
1,3002
1,3001
1,3
1,2999
1,2998
1,2997
1,2996
k
1255
1250
1245
1240
1235
[K]
T
0
0,01
0,02
0,03
0,04
0,05
0,06
0,07
x_c/l

Abb. 47

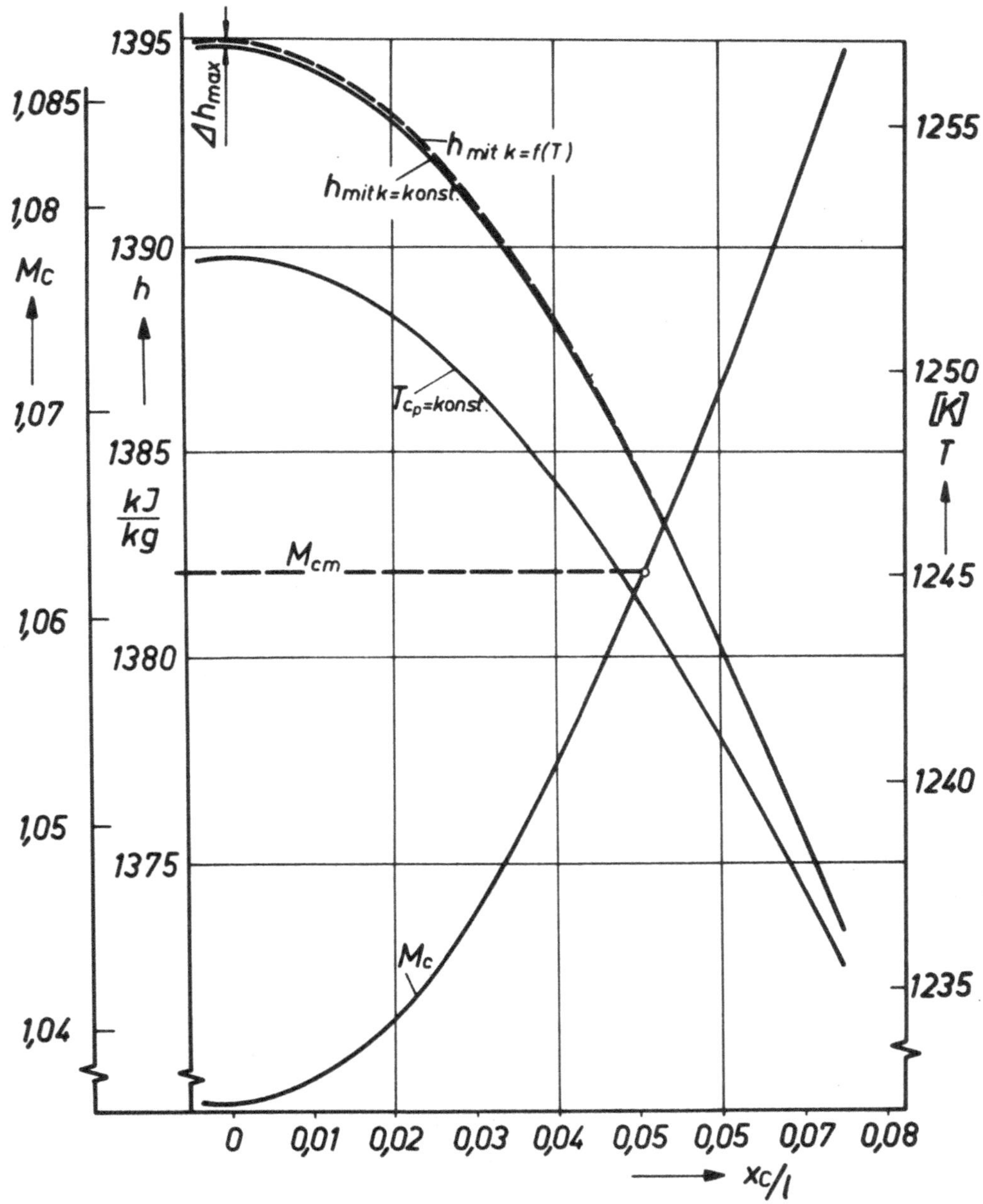
1395
1390
1385
1380
1375
1,085
1,08
1,07
1,06
1,05
1,04
Mc
h
kJ
kg
Δhmax
h mit k=f(T)
h mit k=konst.
Tcp=konst.
Mcm
Mc
1255
1250
1245
1240
1235
[K]
T
0
0,01
0,02
0,03
0,04
0,05
0,05
0,07
0,08
xc/l

Abb. 48

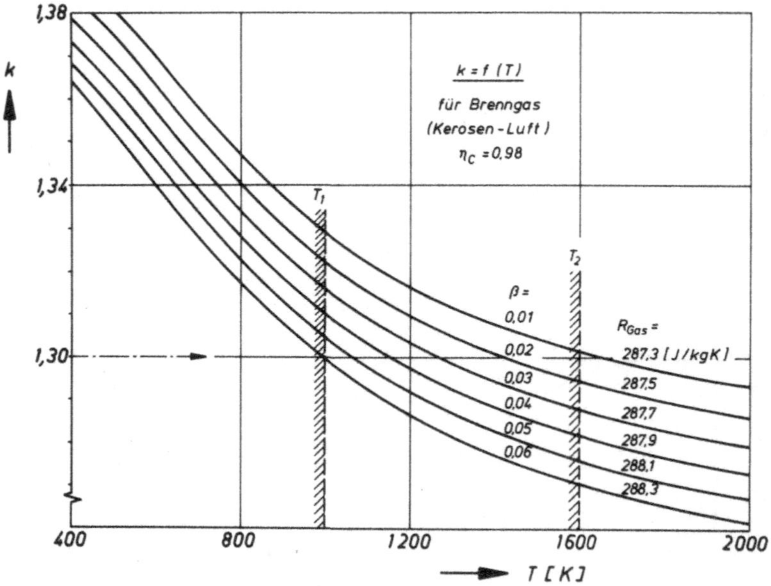
k = f (T)
für Brenngas
(Kerosen-Luft)
η_C = 0,98
k
1,38
1,34
1,30
T_1
T_2
β =
0,01
0,02
0,03
0,04
0,05
0,06
R_{Gas} =
287,3 [J/kgK]
287,5
287,7
287,9
288,1
288,3
400
800
1200
1600
2000
T [K]

Abb. 49

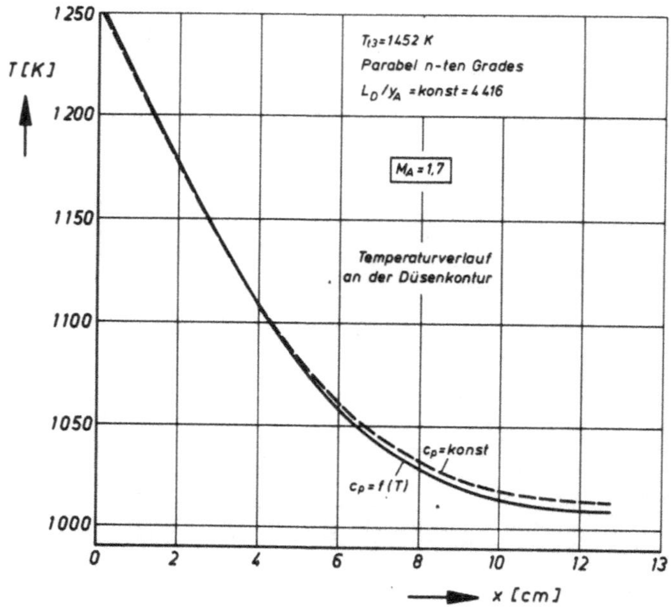
T_{t3}=1452 K
Parabel n-ten Grades
L_D/y_A = konst = 4 416
M_A = 1,7
Temperaturverlauf an der Düsenkontur
T [K]
1250
1200
1150
1100
1050
1000
c_p=konst
c_p=f(T)
0
2
4
6
8
10
12
13
x [cm]

Abb. 59

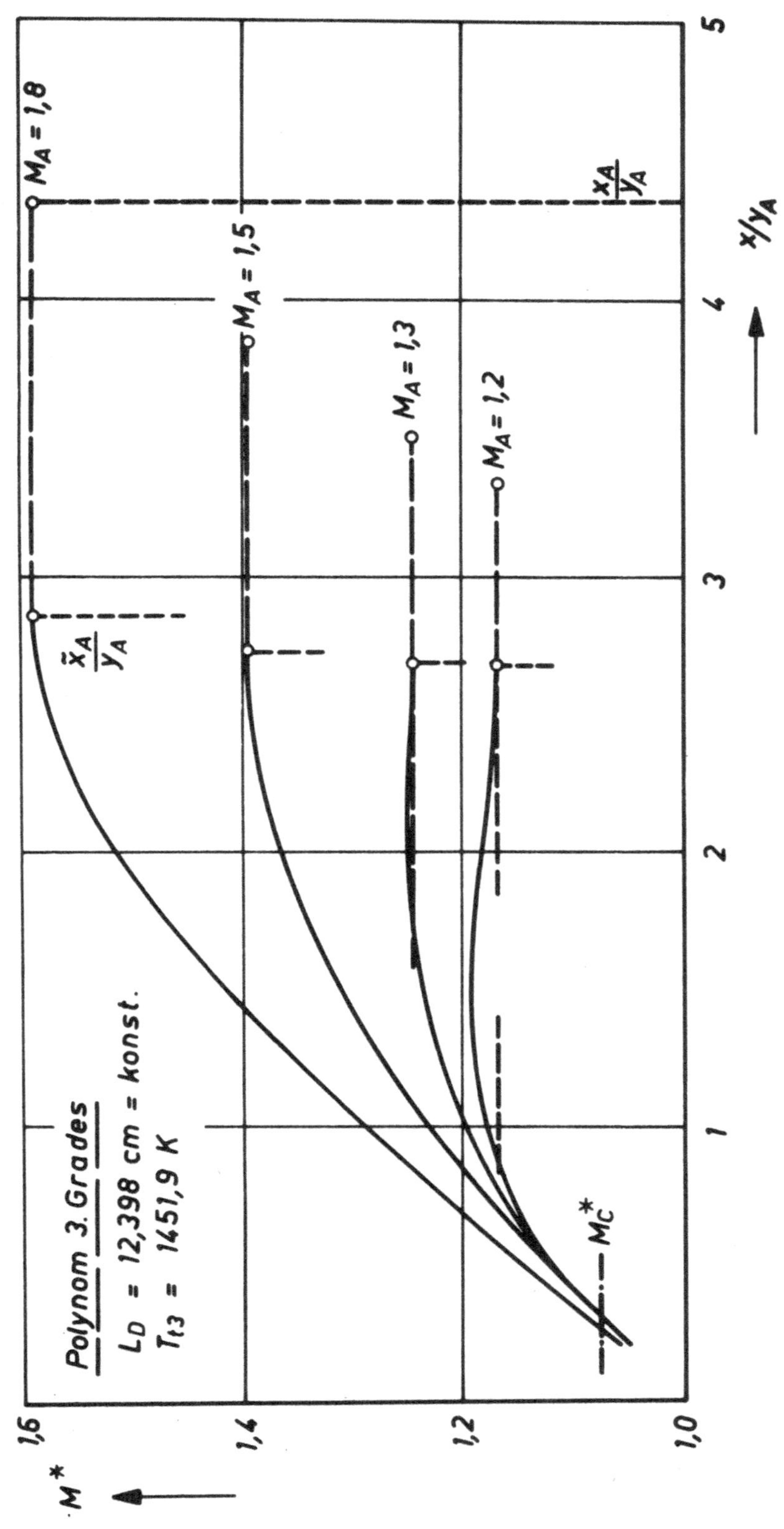
Polynom 3. Grades
L_D = 12,398 cm = konst.
T_t3 = 1451,9 K
M_A = 1,8
M_A = 1,5
M_A = 1,3
M_A = 1,2
x̃_A / y_A
x_A / y_A
M_C*
M*
x/y_A
1,0
1,2
1,4
1,6
1
2
3
4
5

Abb. 50

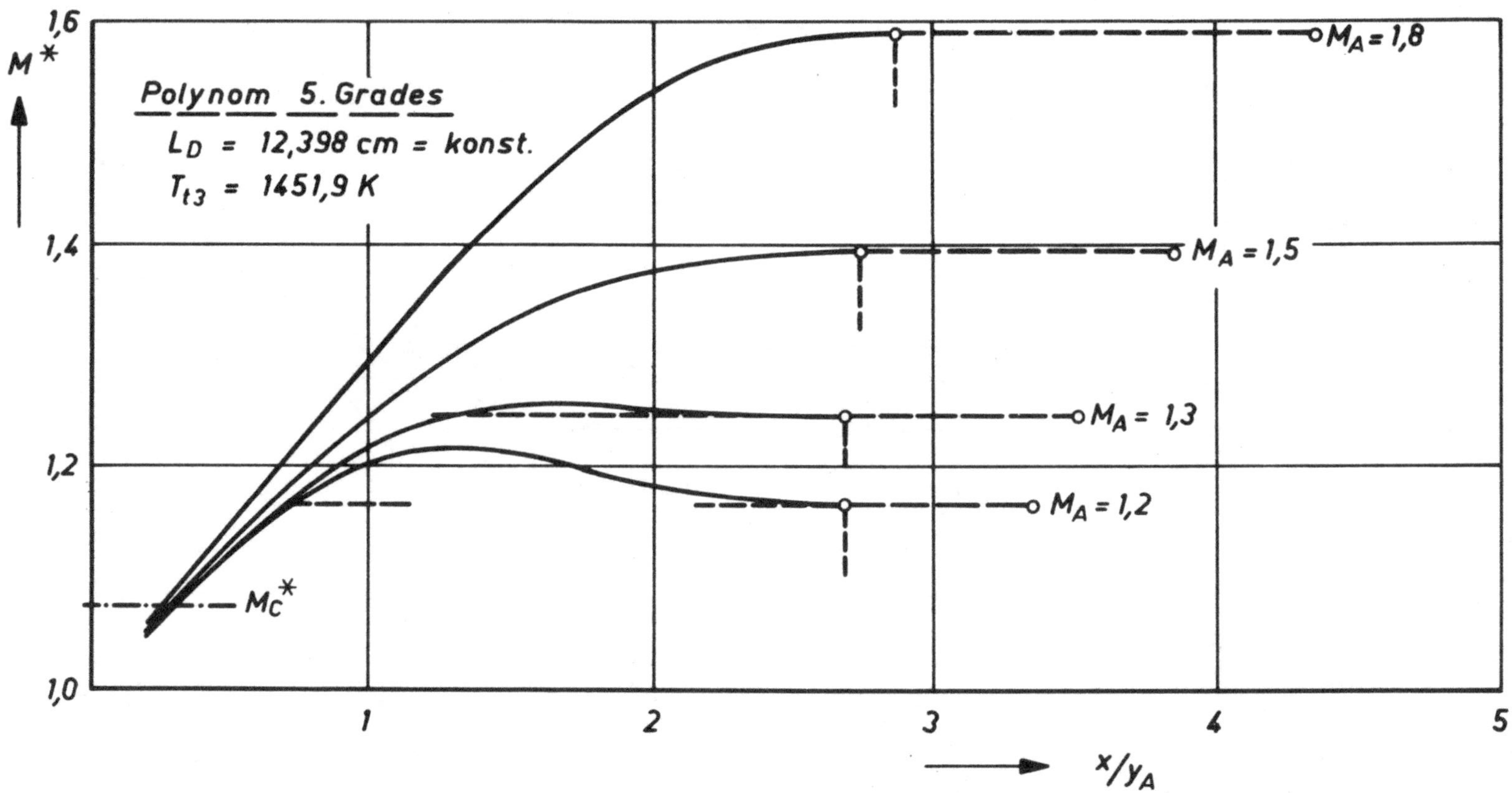
M*
1,6
1,4
1,2
1,0
Polynom 5. Grades
L_D = 12,398 cm = konst.
T_{t3} = 1451,9 K
M_A = 1,8
M_A = 1,5
M_A = 1,3
M_A = 1,2
M_C^*
1
2
3
4
5
x/y_A

Abb. 51

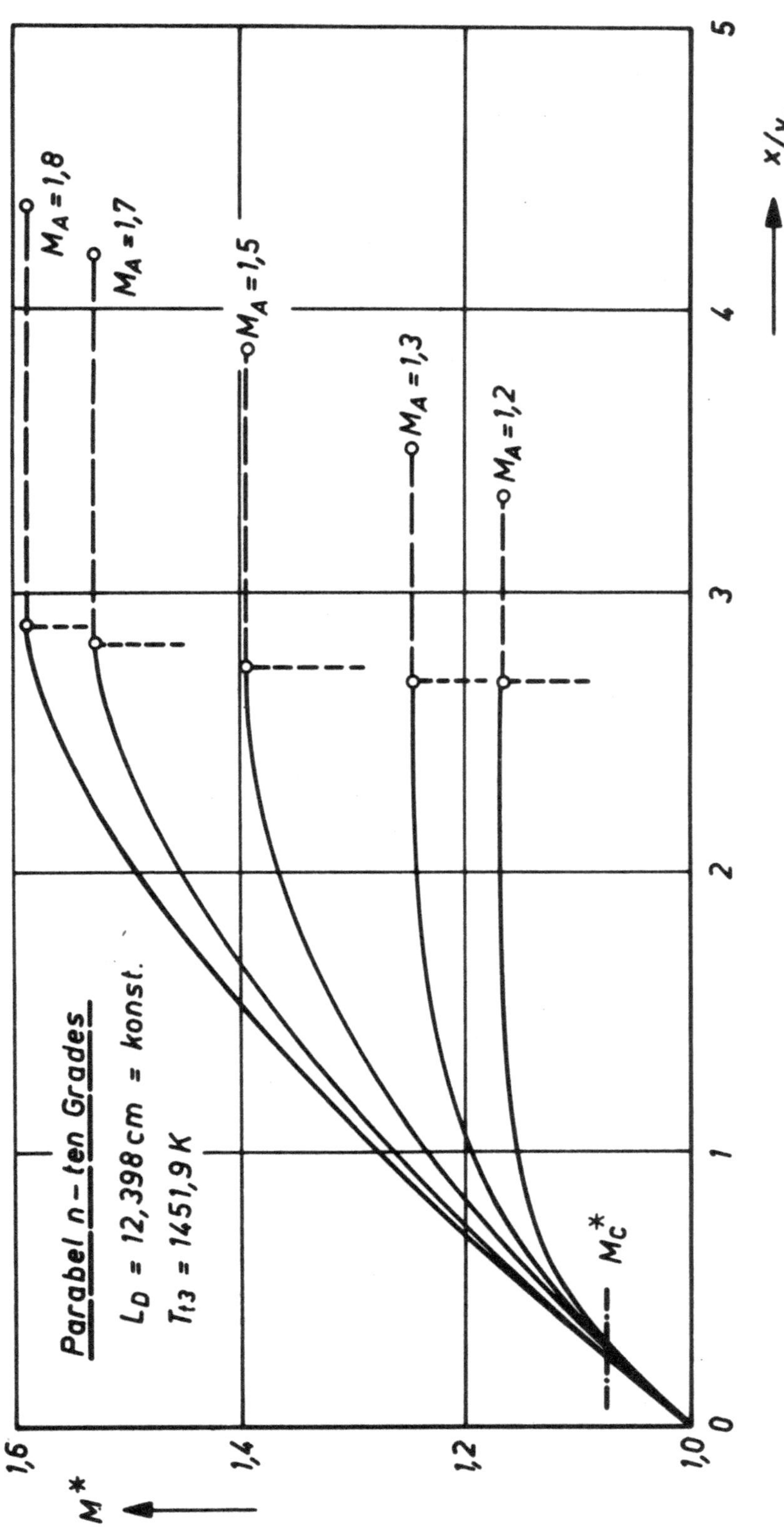
Parabel n-ten Grades
L_D = 12,398 cm = konst.
T_t3 = 1451,9 K
M_A = 1,8
M_A = 1,7
M_A = 1,5
M_A = 1,3
M_A = 1,2
M_c*
M*
1,0
1,2
1,4
1,6
x/y_A
0
1
2
3
4
5

Abb. 52

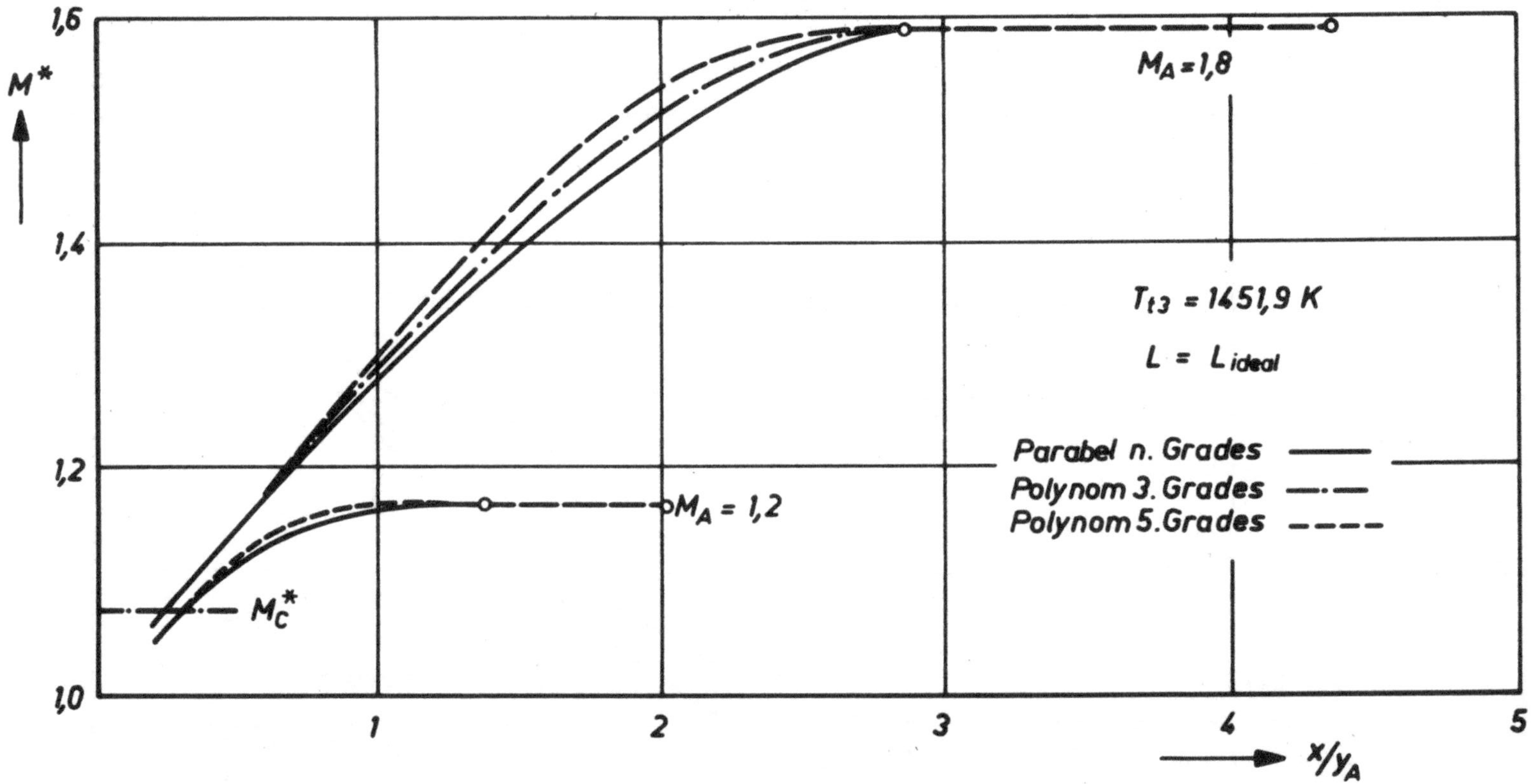
M*
1,6
1,4
1,2
1,0
M_A = 1,8
T_t3 = 1451,9 K
L = L_ideal
Parabel n. Grades
Polynom 3. Grades
Polynom 5. Grades
M_A = 1,2
M_C*
1
2
3
4
5
x/y_A

Abb. 53

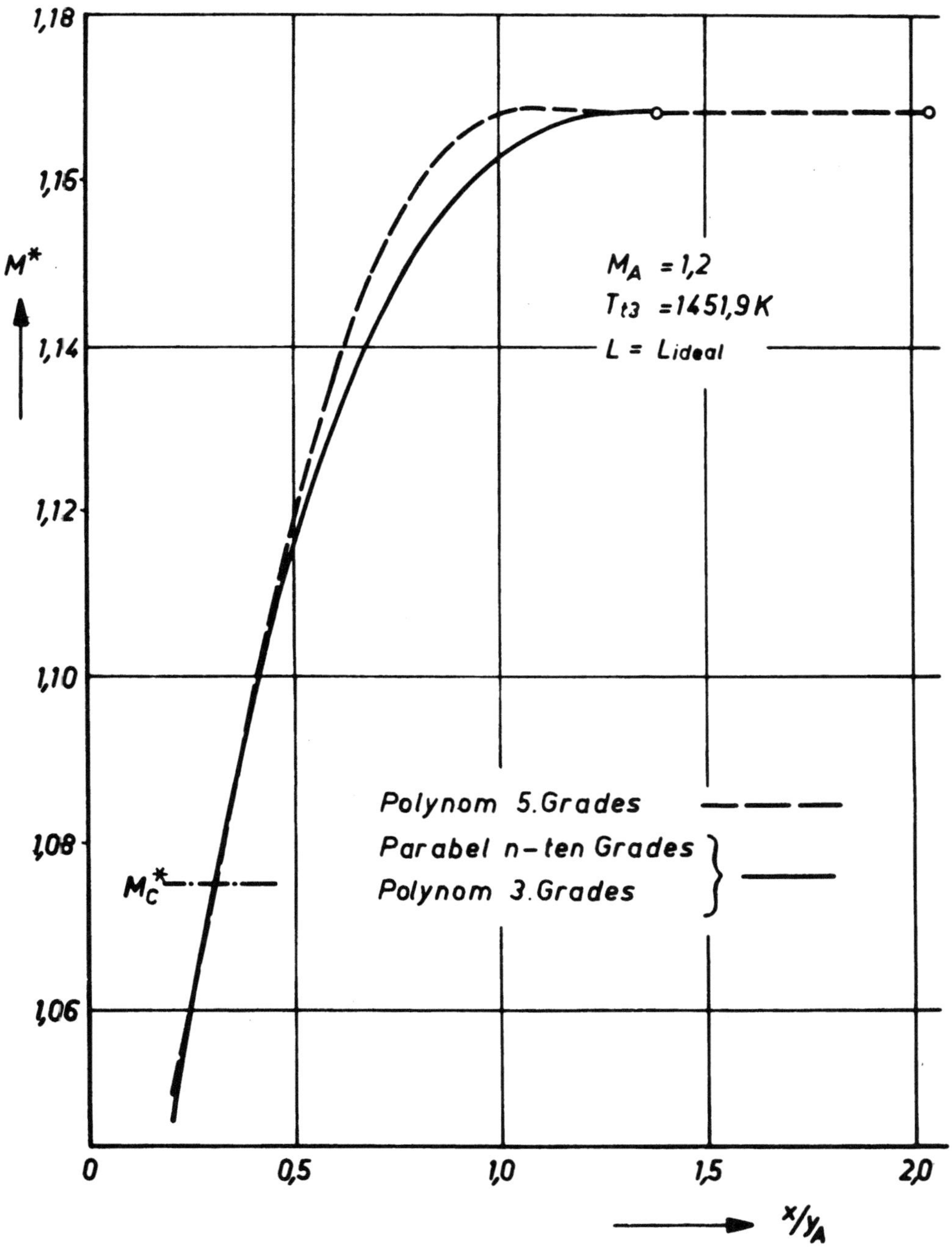
1,18
1,16
1,14
1,12
1,10
1,08
1,06
M*
M_A = 1,2
T_{t3} = 1451,9 K
L = L_{ideal}
M_c^*
Polynom 5. Grades
Parabel n-ten Grades
Polynom 3. Grades
0
0,5
1,0
1,5
2,0
x/y_A

Abb. 54

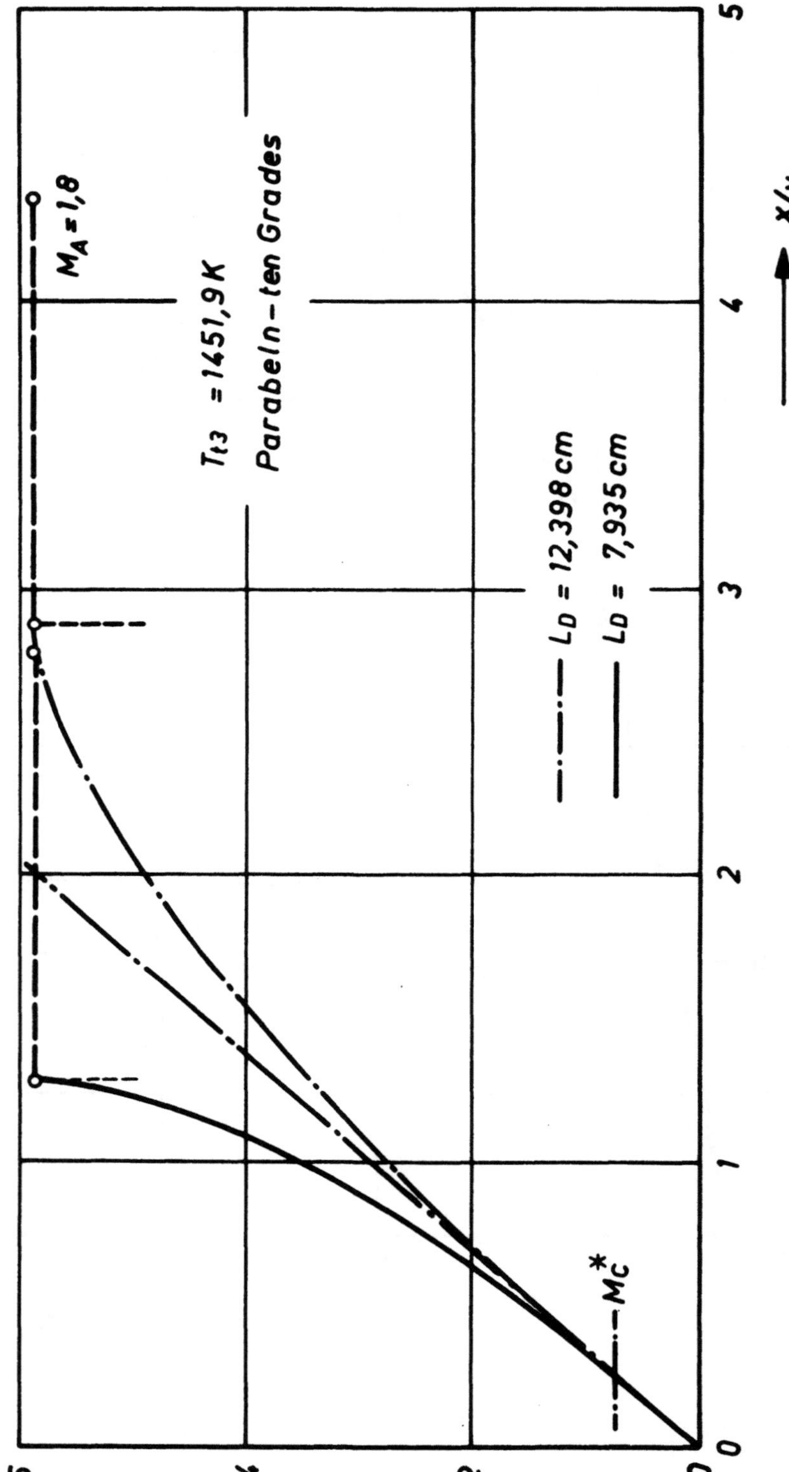

$M_A = 1,8$
$T_{t3} = 1451,9\,K$
Parabeln-ten Grades
$L_D = 12,398\,cm$
$L_D = 7,935\,cm$
M_C^*
M^*
x/y_A
1,6
1,4
1,2
1,0
0
1
2
3
4
5

Abb. 55

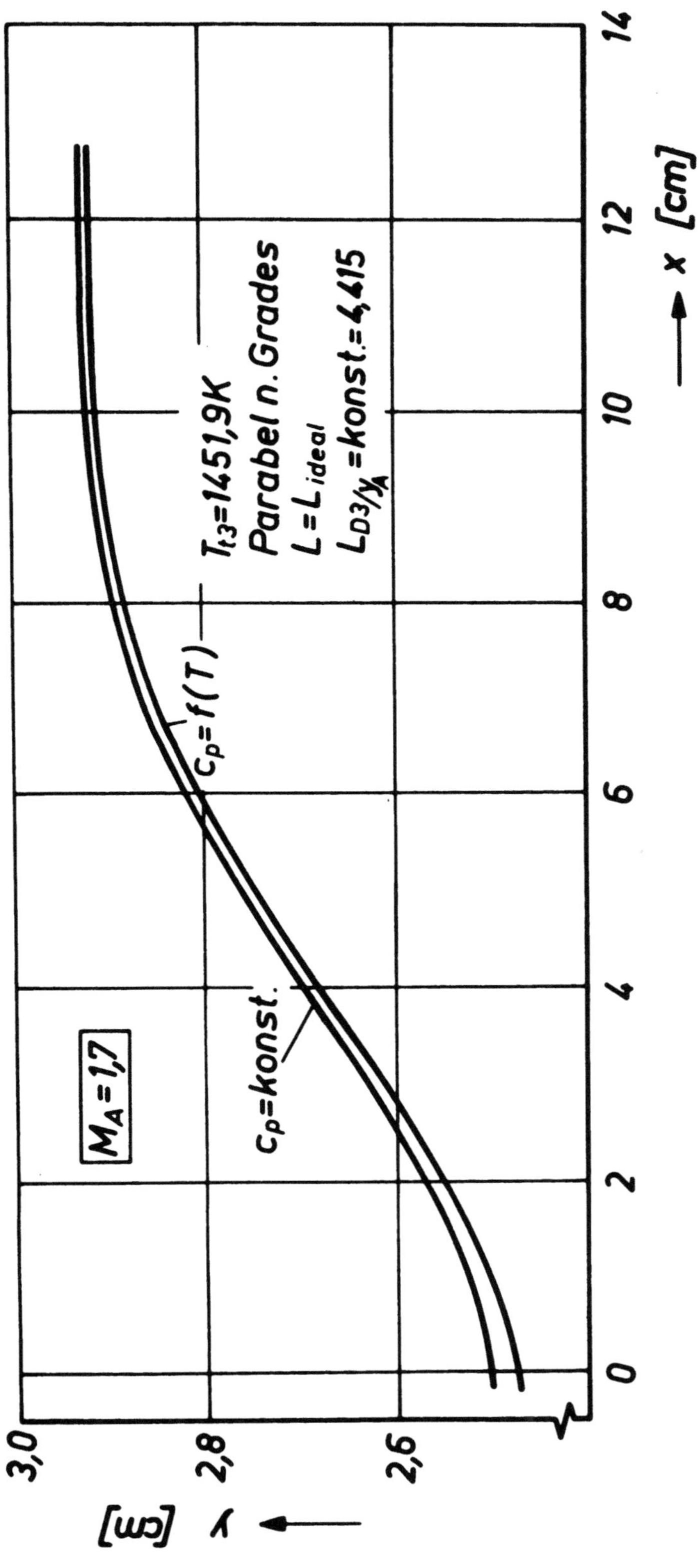

M_A=1,7
c_p=konst.
c_p=f(T)
T_t3=1451,9K
Parabel n. Grades
L=L_ideal
L_D3/y_A=konst.=4,415
y [cm]
x [cm]
3,0
2,8
2,6
0
2
4
6
8
10
12
14

Abb. 56

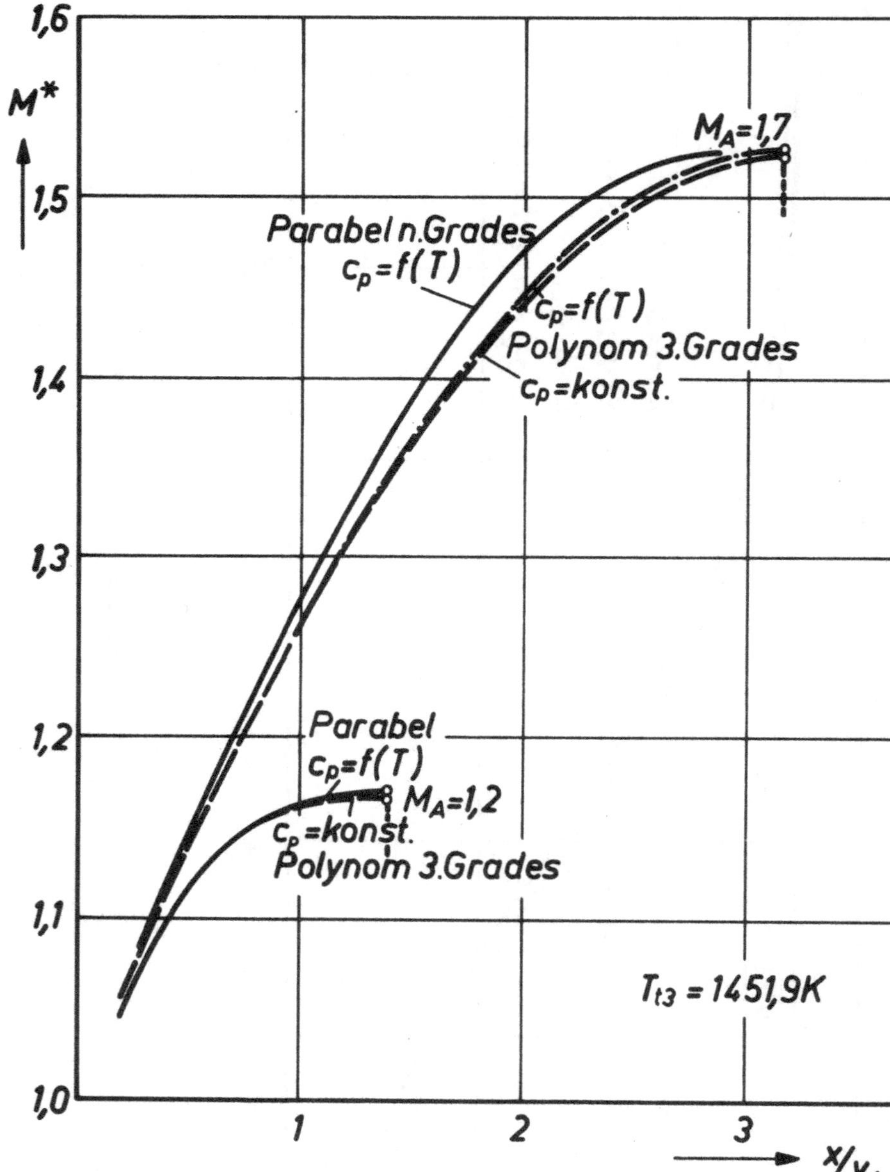
1,6
M*
1,5
1,4
1,3
1,2
1,1
1,0
1
2
3
4
x/y_A
M_A=1,7
Parabel n.Grades
c_p=f(T)
c_p=f(T)
Polynom 3.Grades
c_p=konst.
Parabel
c_p=f(T)
M_A=1,2
c_p=konst.
Polynom 3.Grades
T_t3 = 1451,9K

Abb. 57

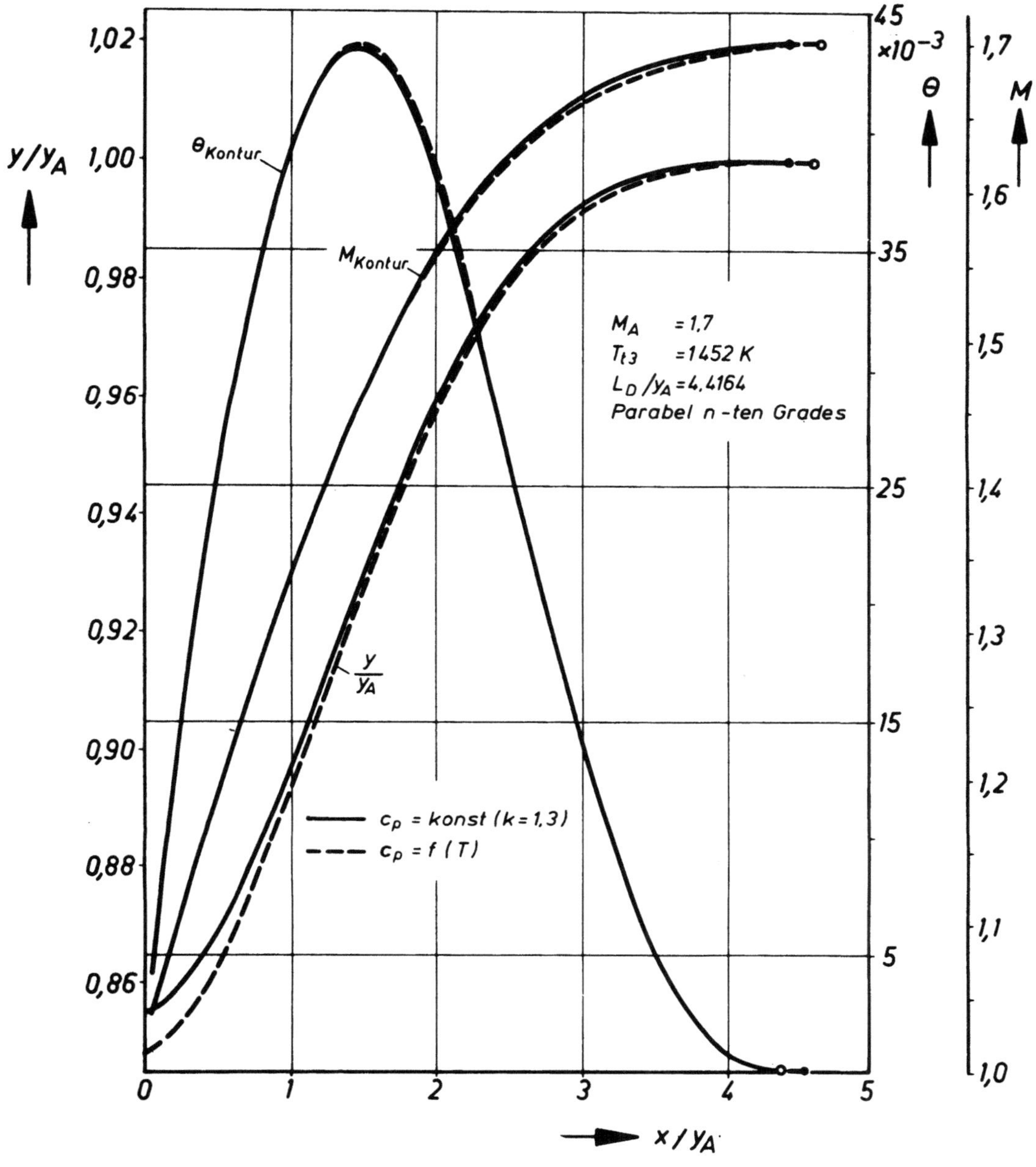

y/y_A
1,02
1,00
0,98
0,96
0,94
0,92
0,90
0,88
0,86
θ_Kontur
M_Kontur
y/y_A
45
×10^-3
θ
35
25
15
5
M
1,7
1,6
1,5
1,4
1,3
1,2
1,1
1,0
M_A = 1,7
T_t3 = 1452 K
L_D /y_A = 4,4164
Parabel n-ten Grades
c_p = konst (k = 1,3)
c_p = f (T)
0
1
2
3
4
5
x / y_A

Abb. 58

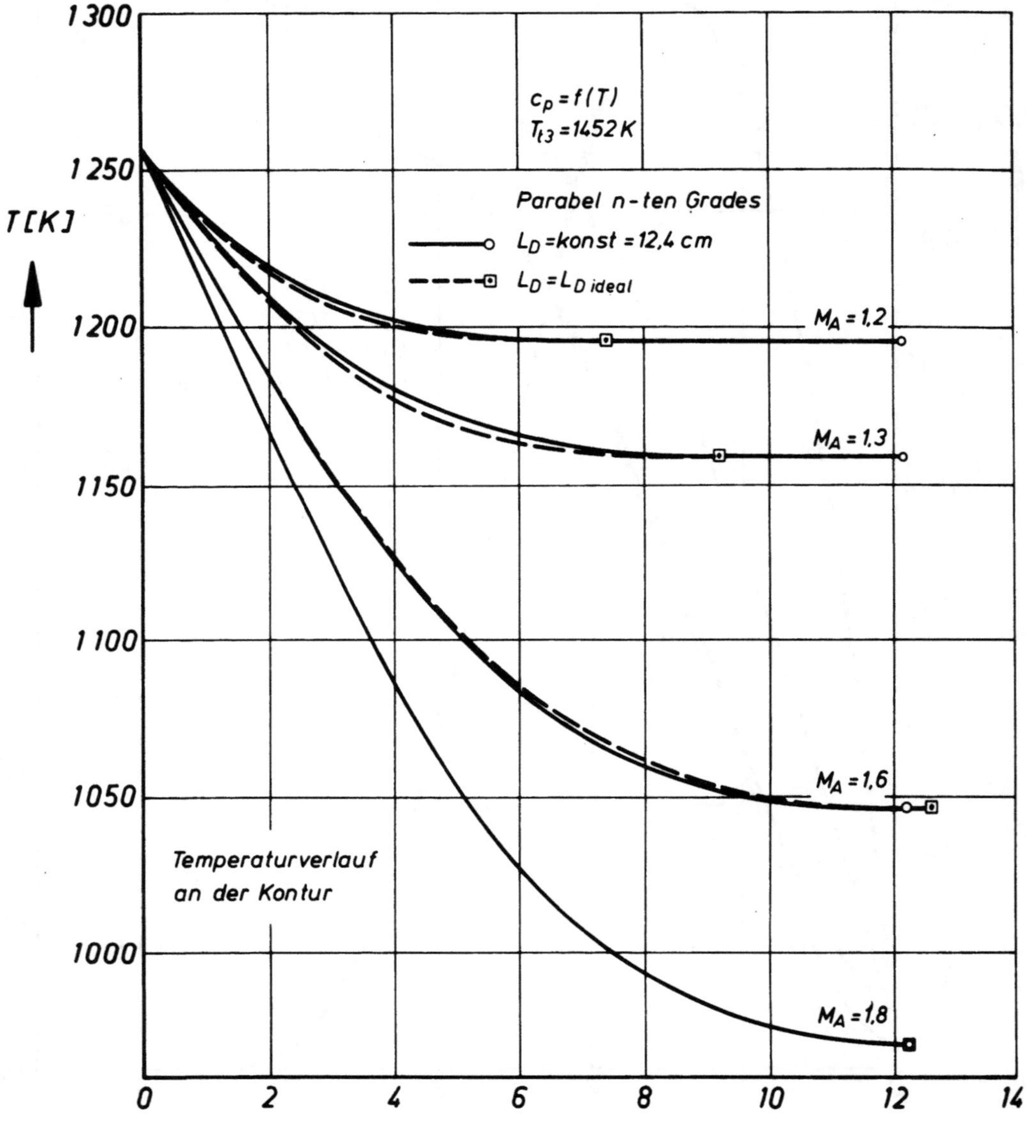
1300
1250
1200
1150
1100
1050
1000
T[K]
$c_p = f(T)$
$T_{t3} = 1452\,K$
Parabel n-ten Grades
L_D = konst = 12,4 cm
$L_D = L_{D\,ideal}$
$M_A = 1{,}2$
$M_A = 1{,}3$
$M_A = 1{,}6$
$M_A = 1{,}8$
Temperaturverlauf
an der Kontur
0
2
4
6
8
10
12
14
x [cm]

Abb. 60

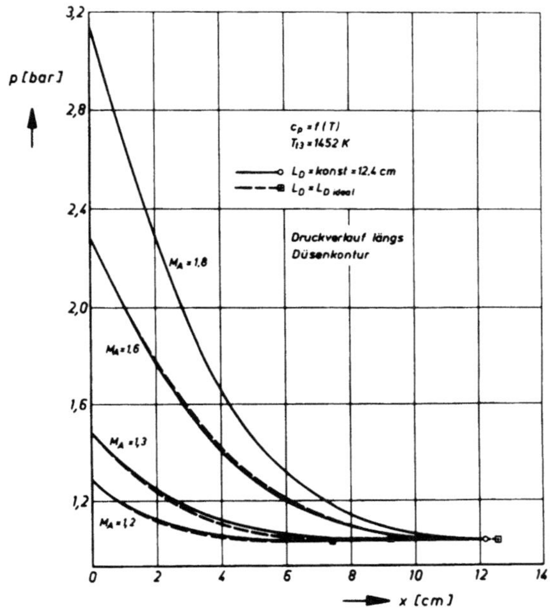
p [bar]
3,2
2,8
2,4
2,0
1,6
1,2
0
2
4
6
8
10
12
14
x [cm]
$c_p = f(T)$
$T_{13} = 1452$ K
L_D = konst = 12,4 cm
$L_D = L_{D\,ideal}$
Druckverlauf längs Düsenkontur
$M_A = 1,8$
$M_A = 1,6$
$M_A = 1,3$
$M_A = 1,2$

Abb. 61

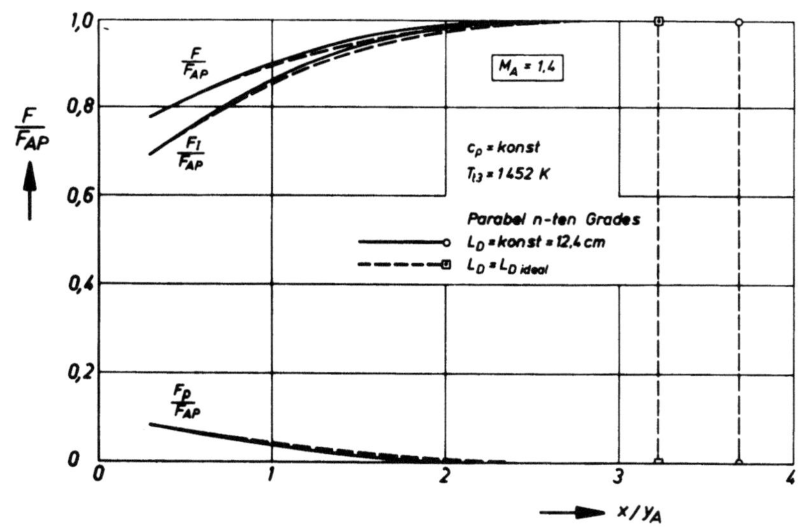
F/F_AP
1,0
0,8
0,6
0,4
0,2
0
0
1
2
3
4
x/y_A
$M_A = 1,4$
c_p = konst
$T_{13} = 1452$ K
Parabel n-ten Grades
L_D = konst = 12,4 cm
$L_D = L_{D\,ideal}$
F/F_{AP}
F_I/F_{AP}
F_p/F_{AP}

Abb. 62

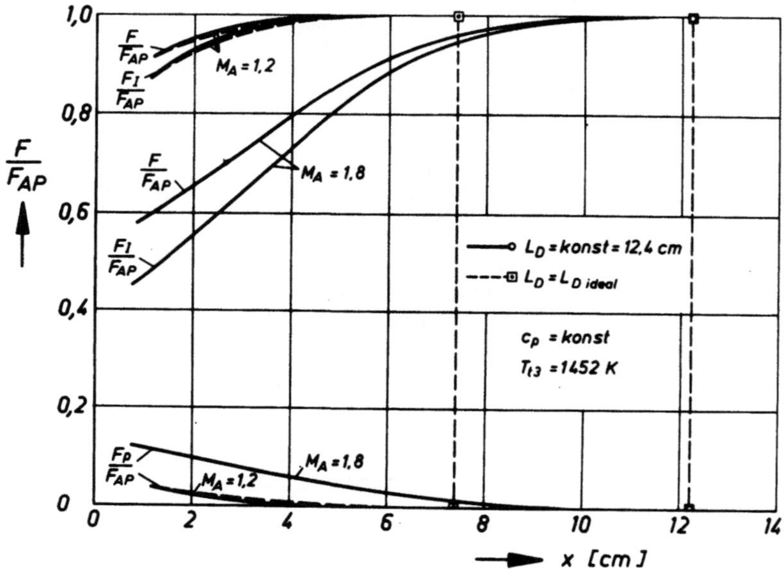
1,0
0,8
0,6
0,4
0,2
0
F/F_AP
F_I/F_AP
M_A = 1,2
M_A = 1,8
F_P/F_AP
L_D = konst = 12,4 cm
L_D = L_D ideal
c_p = konst
T_t3 = 1452 K
0
2
4
6
8
10
12
14
x [cm]

<u>Abb. 63</u>

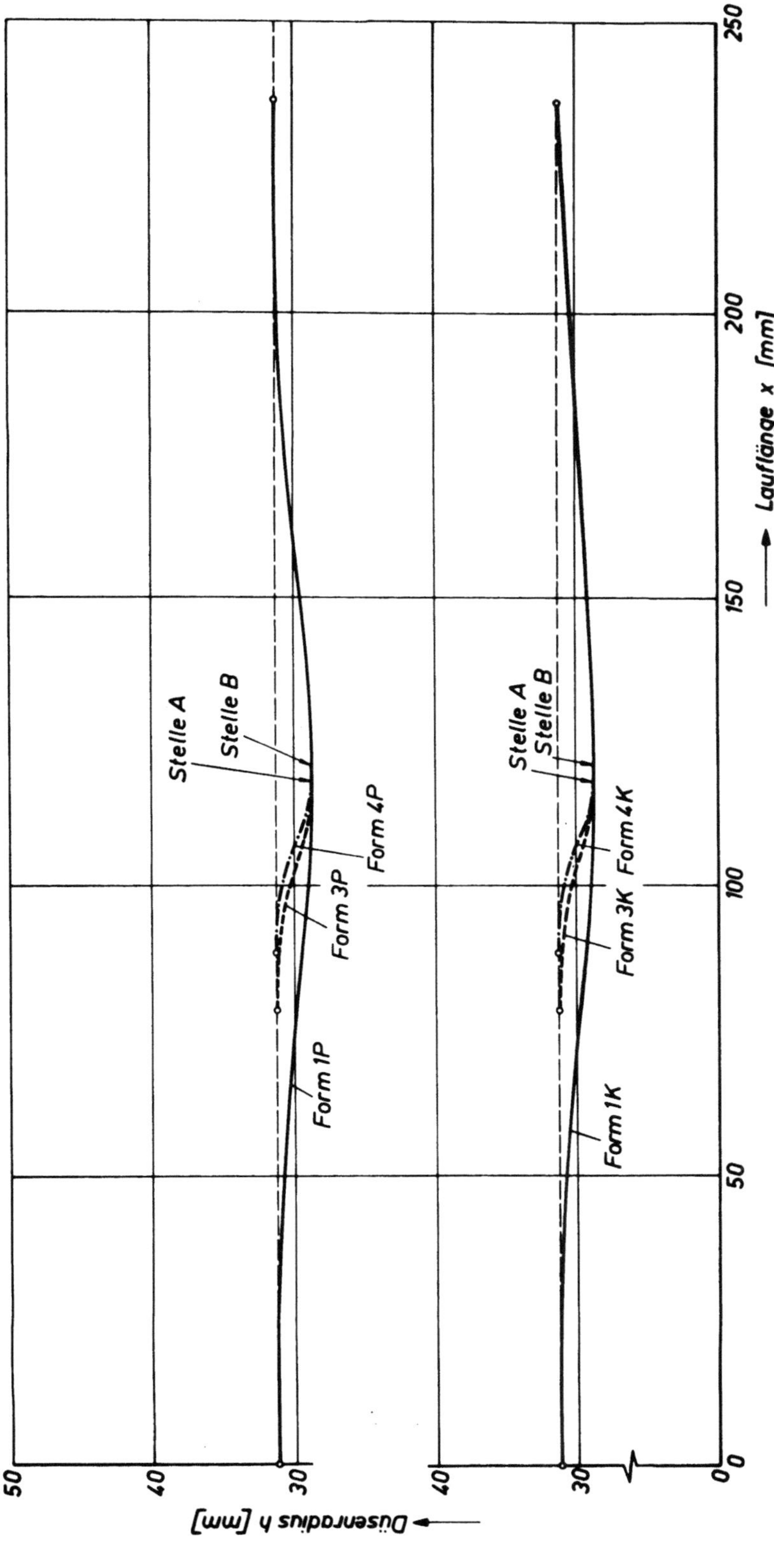
Stelle A
Stelle B
Form 1P
Form 3P
Form 4P
Stelle A
Stelle B
Form 1K
Form 3K
Form 4K
0
50
100
150
200
250
Lauflänge x [mm]
50
40
30
40
30
0
Düsenradius h [mm]

Abb. 64

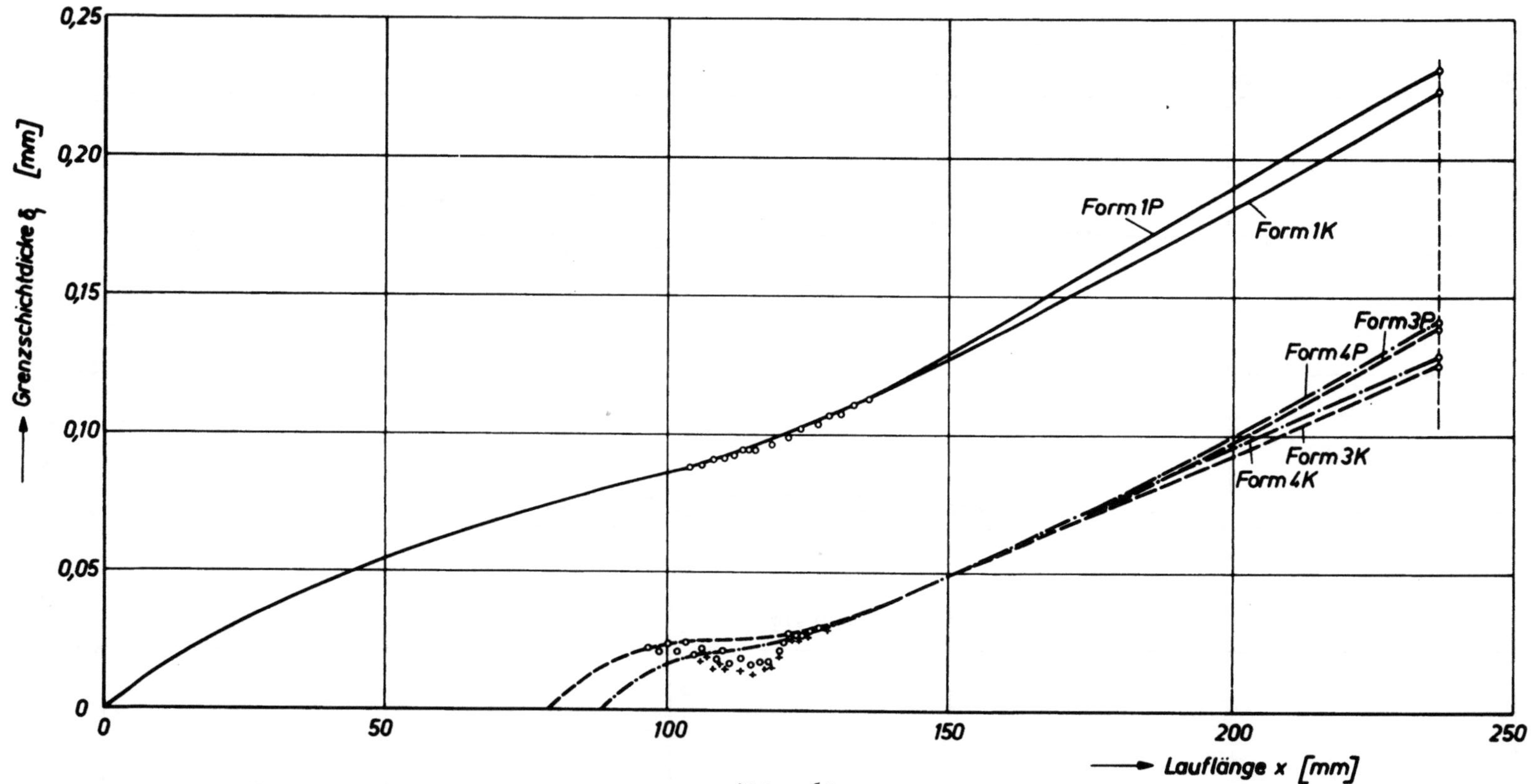
Grenzschichtdicke δ [mm]
0,25
0,20
0,15
0,10
0,05
0
0
50
100
150
200
250
Lauflänge x [mm]
Form 1P
Form 1K
Form 3P
Form 4P
Form 3K
Form 4K

Abb. 65

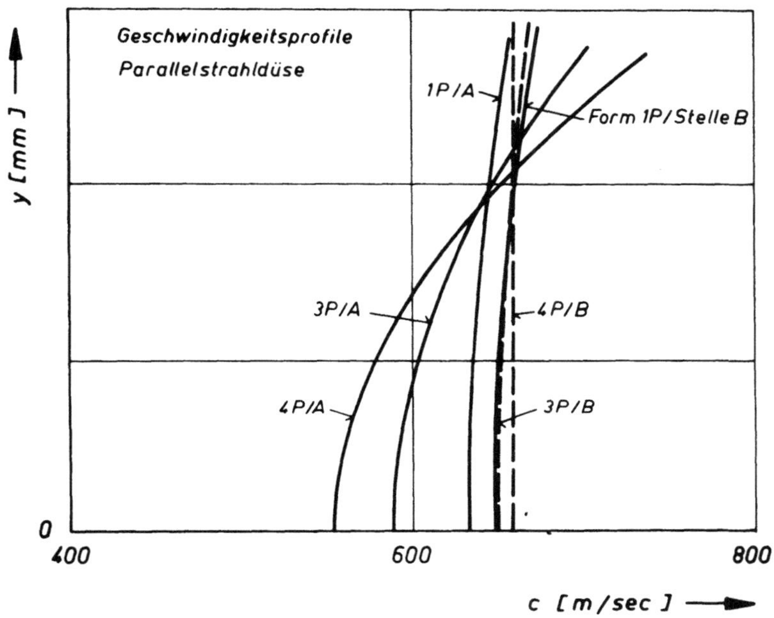
Geschwindigkeitsprofile
Parallelstrahldüse
1P/A
Form 1P/Stelle B
3P/A
4P/B
4P/A
3P/B
y [mm]
0
400
600
800
c [m/sec]

Abb. 66

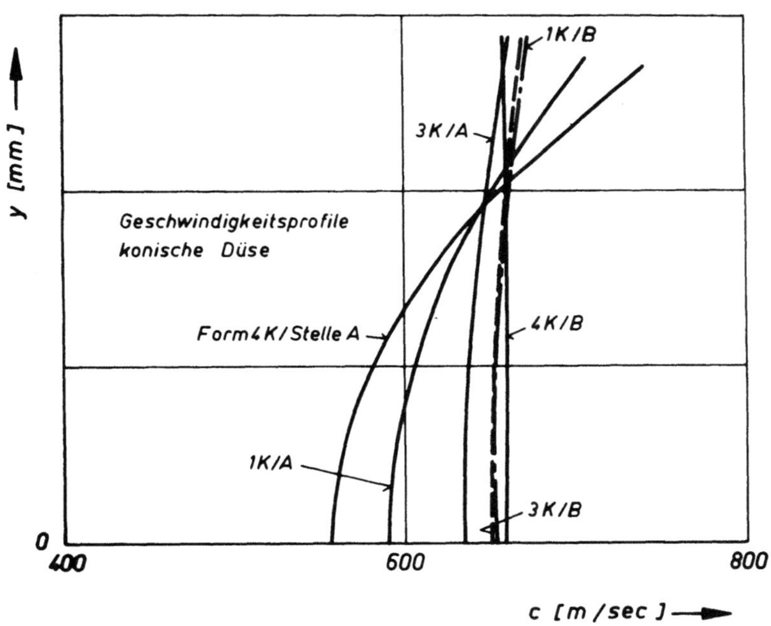
1K/B
3K/A
Geschwindigkeitsprofile
konische Düse
Form 4K/Stelle A
4K/B
1K/A
3K/B
y [mm]
0
400
600
800
c [m/sec]

Abb. 67

Forschungsberichte des Landes Nordrhein-Westfalen

Herausgegeben im Auftrage des Ministerpräsidenten Heinz Kühn
vom Minister für Wissenschaft und Forschung Johannes Rau

Sachgruppenverzeichnis

Acetylen · Schweißtechnik
Acetylene · Welding gracitice
Acétylène · Technique du soudage
Acetileno · Técnica de la soldadura
Ацетилен и техника сварки

Arbeitswissenschaft
Labor science
Science du travail
Trabajo científico
Вопросы трудового процесса

Bau · Steine · Erden
Constructure · Construction material · Soilresearch
Construction · Matériaux de construction · Recherche souterraine
La construcción · Materiales de construcción · Reconocimiento del suelo
Строительство и строительные материалы

Bergbau
Mining
Exploitation des mines
Minería
Горное дело

Biologie
Biology
Biologie
Biologia
Биология

Chemie
Chemistry
Chimie
Quimica
Химия

Druck · Farbe · Papier · Photographie
Printing · Color · Paper · Photography
Imprimerie · Couleur · Papier · Photographie
Artes gráficas · Color · Papel · Fotografía
Типография · Краски · Бумага · Фотография

Eisenverarbeitende Industrie
Metal working industry
Industrie du fer
Industria del hierro
Металлообработывающая промышленность

Elektrotechnik · Optik
Electrotechnology · Optics
Electrotechnique · Optique
Electrotécnica · Optica
Электротехника и оптика

Energiewirtschaft
Power economy
Energie
Energia
Энергетическое хозяйство

Fahrzeugbau · Gasmotoren
Vehicle construction · Engines
Construction de véhicules · Moteurs
Construcción de vehículos · Motores
Производство транспортных средств

Fertigung
Fabrication
Fabrication
Fabricación
Производство

Funktechnik · Astronomie
Radio engineering · Astronomy
Radiotechnique · Astronomie
Radiotécnica · Astronomía
Радиотехника и астрономия

GPSR Compliance

The European Union's (EU) General Product Safety Regulation (GPSR) is a set of rules that requires consumer products to be safe and our obligations to ensure this.

If you have any concerns about our products, you can contact us on ProductSafety@springernature.com

In case Publisher is established outside the EU, the EU authorized representative is:

Springer Nature Customer Service Center GmbH
Europaplatz 3
69115 Heidelberg, Germany

Batch number: 10584556

Printed by Printforce, the Netherlands